U0155944

# 哥特复兴

## 论 趣 味 的 变 迁

克 拉 克 艺 术 史 文 集

［英国］肯尼斯·克拉克 著
刘健 译

# The Gothic Revival

## An Essay in the History of Taste

Kenneth Clark

译林出版社

图书在版编目(CIP) 数据

哥特复兴：论趣味的变迁 ／（英）肯尼斯·克拉克（Kenneth Clark）著；
刘健译 . — 南京：译林出版社,2021.7
（克拉克艺术史文集）
ISBN 978-7-5447-8593-8

I.①哥··· II.①肯··· ②刘··· III.①哥特式建筑－建筑艺术 IV.①TU-098.2

中国版本图书馆 CIP 数据核字(2021) 第 031757 号

*The Gothic Revival: an Essay in the History of Taste* by Kenneth Clark
Copyright © 2015 by Kenneth Clark
This edition arranged with Margaret Hanbury Agency (The Hanbury Agency)
through Big Apple Agency, Inc., Labuan, Malaysia
Simplified Chinese edition copyright © 2021 by Yilin Press, Ltd
All rights reserved.

著作权合同登记号 图字：10-2020-441 号

**哥特复兴：论趣味的变迁** [英国] 肯尼斯·克拉克／著 刘 健／译

责任编辑 陆晨希
特约编辑 童可依
装帧设计 周伟伟
校  对 蒋 燕
责任印制 单 莉

原文出版 John Murray, 1962
出版发行 译林出版社
地  址 南京市湖南路 1 号 A 楼
邮  箱 yilin@yilin.com
网  址 www.yilin.com
市场热线 025-86633278
排  版 南京展望文化发展有限公司
印  刷 江苏凤凰新华印务集团有限公司
开  本 880 毫米×1230 毫米 1/32
印  张 8.875
插  页 2
版  次 2021 年 7 月第 1 版
印  次 2021 年 7 月第 1 次印刷
书  号 ISBN 978-7-5447-8593-8
定  价 68.00 元

谨以此书献给C.F.贝尔

# 前　言

1924年夏天，肯尼斯·克拉克的牛津学位已经十拿九稳。此时，他开始思考下一步的计划。他在阿什莫林博物馆的导师C.F.贝尔对此没有任何疑问：写一部关于哥特复兴的专著。克拉克在他的自传《林间的另一处》(1974)中回忆说："我当时颇为惊讶，因为我的确不知道什么是哥特复兴，此外我也想专门研究一位意大利伟人。但这一建议颇具灵性。自1872年以来，还没有关于这一题目的专著问世，也没有人对这类突然拔地而起、兼具宗教性与世俗性的中世纪风格建筑的出现提出过任何疑问。人们将其视为国之不幸，就像忍受糟糕的天气一样接受它们。"他坦承，他原本打算模仿里顿·斯特拉奇的风格"写一部讽刺专著"。但是，奇迹发生了。在阅读沃波尔、普金和罗斯金时，在研究巴特菲尔德、斯特里特和伯吉斯时，克拉克被折服了："我逐渐改变了看法。"

克拉克从罗杰·弗莱的形式美学到约翰·罗斯金的道德价值的转向并未完成。书虽然出版了，却没有写完。书中对维多利亚鼎盛时期的著名人物（巴特菲尔德、斯特里特和伯吉斯）着墨不多；对工艺美术运动的代表人物（韦伯、古德温和塞丁）也几乎未提及。博德利、皮尔森和康普哪儿去了？创作了《文明》(1969)的克拉克爵士在他生活的时代成为了最伟大的艺术行家和传播者，享有与罗斯金同等的声誉,但关于哥特复兴,他却几乎再没有写出只言片语。他诸事缠身,既要管理国家美术馆,又要为达·芬奇的素描编目。尽管如此,他一直对自己这部处女作情有独钟。《哥特复兴》初版于1928年,甫一问世便好评如潮,既因其内容,更因作者表现出来的潜力,后经1950年的第二版和1962年的第三版,终成为趣味史上的一部重要文献。

这部作品今天的地位如何?克里斯托夫·赫希与H.S.古德哈特—伦德尔在它问世时便表示赞许,称之为一部力作,同时亦指出其批评性前提中的自相矛盾之处。《泰晤士报文学副刊》的评论颇具慧眼:"面对这令人困惑的、如繁花般涌现的尖顶,作者似乎也难以下定论。"《哥特复兴》是一部年轻人的作品,清晰、自信、没有学究气。七十年后来看,其中的学问或许显得有些单薄。但是,学问只占本书乐趣的一半:一代又一代建筑史学者一直在咀嚼克拉克书中的遗漏,同时艳羡于作者清晰的思路。后面的数章,正如作者本人所预料的,最能经受住时间的检验:对教会建筑学家的心态,没有比克拉克的描述更尖锐的;对约翰·罗斯金的精神混乱,没有比克拉克的介绍更敏锐的。这个版本保留了1962年版的原文,包括全部罗斯金式的脚注,作者言语含蓄,四十年后仍在与后代学者打哑谜。本版本包括一个简明扼要的文献目录,未影响到页码编排。除此之外,对这部早已成为经典的著作未加任何稀释。

J.莫达特·库鲁克
1995年

## 初版序言

　　书写哥特复兴中的一个阶段的想法最初是C.F.贝尔先生向我建议的。但是，除了他的建议之外，如果要让他对本书的现状负任何其他责任，我都会很抱歉。他建议我写一篇论著，探讨从大约1840年到1860年间人们赖以评判建筑的道德和宗教标准。或许，这个不那么雄心勃勃的计划成功的可能性会更大一些，但事实证明整个主题非常新颖，无人涉猎，而且很难再细分，因此，我对扩大到目前的范围不感到遗憾。我为自己设定了特定的观察角度，而不是特定的时间段。我希望读者看到本书的标题、序言和引言中的警告后，不再会因为这不是一部新哥特建筑面面观的教科书而指责我。出于同样的原因，书中的插图是从印刷品中获得，它们所表现的哥特复兴式建筑不是实物，而是建筑家心目中的形象。此外，理所当然，书中提到的复兴式建筑仅限于英国，没有涉及其他国家，因为即使是这样，我的题目也已经足够大了。

　　迄今为止有关哥特复兴的研究屈指可数，而且主要集中在对沃波尔和如画风格的研究。有鉴于此，我没有过多涉及这些早期阶段。没有时间通览全书的读者会发现后面数章比前面数章更有趣。

　　我最初计划提供一个阅读书目，但我发现我参考过的书籍已经全部出现在注释中了。仅有两部论著在我的书中极少提及，却对我的研究有极高的价值。其中一部是杰弗里·斯科特先生的《人文主义建筑学》。另一部是一篇短文，但极具参考价值。文章作者是古德哈特—伦德尔先生。该文发表于英国皇家建筑师协会1925年的季度论文中。

在我筚路蓝缕的探索途中，给过我帮助的朋友不胜枚举。但是，我必须提到皮尔索尔·史密斯先生，他慷慨地提供了他做的哥特词源的笔记，而且阅读了本书的部分章节并对我的行文给出批评。对他和贝尔先生我要特别致谢。帮助过我的其他人主要有牛津大学贝利奥尔学院院长罗杰·迈纳斯先生、约翰·斯帕洛先生、E.普金—鲍威尔先生、纽约的威廉·艾文斯，以及我的出版商迈克尔·萨德勒。虽然我从未听过伯纳德·贝伦森讨论哥特复兴，但是我欠他一份情。这份情很难描述，也不可能偿还。那些听过他讲哥特复兴的人应该明白我的意思。我最感谢我的太太，没有她，我至多只能写出两到三章。

1928年于屯布里治威

## 再版序言

　　在准备再版的过程中,约翰·皮泊尔先生和约翰·贝奇曼先生给了我许多帮助。他们对书中文字的建议和修正更加深了我对他们的感激之情。我还要感谢霍华德·考尔文先生,他寄来了许多有价值的修改意见。

1949年8月

1962年1月　　viii

# 目 录

# 写给迈克尔·萨德勒的信

亲爱的迈克尔·萨德勒,

当您建议《哥特复兴》或许值得再版时,我受宠若惊。翻开二十多年没有再重读的书页,我心里充满喜悦和亟盼。但是,这种心情没能持续太久。每翻过一页,我心里就越发感觉惴惴不安。这本书真能吸引新的读者吗?是否更明智的做法是让从前的读者留住当时的美好记忆:页面边距留白大,题目不是老调重弹。新版的页面边距将是正常尺寸,而题目也不再陌生,用我们祖辈的话说,它们已经被更有真才实学之士研究透了。新一代的评论者会在我水平业余的努力中发现许多可笑的错误。这个念头让我忐忑不安。吃力地读完前三章后,我心情沉重。它们读起来像本科生毕业论文。这并不奇怪,因为它们在我刚结束毕业考试后不久写就于牛津。当时,我一心只为求得考官满意,而致力于取悦考官的人不会使其他任何人满意。然而,我没有放弃。读完关于普金那一章之后,我的信心又开始恢复。那一章把普金这个超凡人物从湮没无闻中解救出来。随后的三章我确实喜欢。所以,仅仅因为后半部分,这本书或许真的值得重印。

我注意到那时候我喜欢把事物一分为三,尽管我嘲笑教堂建筑学者这样的做法。沿袭这种习惯,我认为这本书可以从三个方面去

读：作为历史，作为娱乐，作为批评。我预计读者会发现书中的历史
不够精确，娱乐也已经过时，批评相对来说能够站得住脚。但是，恰
恰是书中的批评部分最不被接受。我深受"纯艺术"理论的影响，包
括罗杰·弗莱的纯形式理论和杰弗里·斯科特的纯建筑价值的思
想。《人文主义建筑学》给我留下了深刻的印象。斯科特行云流水般
的文笔很有说服力，使我未能看到他立场中根深蒂固的不现实性。
从一开始我就希望将斯科特的理论（感谢上帝，我没有用他的辩证手
段）应用到我们一致认为是毫无价值的那种建筑之上。我认为这是
一个揭露他称之为道德谬误的东西的好机会。我阅读了当时的辩护
者的文章，包括普金、罗斯金，甚至吉尔伯特·斯科特，为的是在他们
的作品中找到道德谬误和斯科特列举的其他谬误的证据。然而，正
如我那些更优秀的先行者一样，我不知不觉地被我要嘲笑的东西说
服。最终，在"后记"里，我将哥特复兴的失败归为道德和社会原因，
却没有意识到我已经间接地放弃了我的纯斯科特的立场。

初版读者对这种批评标准的前后不一致似乎并不在意。他们
感到愤慨的是我对建筑实物表现得过分宽容。他们希望看到更强
烈的指责和更持久的嗤之以鼻。他们认为我是半心半意。我确实
如此，但是在一种完全相反的意义上。在开始研究这个课题不久，
我就发现哥特复兴造就了一批伟大的建筑。最初是仿哥特式的放
山庄园和议会大厦，这些似乎都还过得去；然后是很有品位的坦培
尔·摩尔和本特利的哥特式；最后是，我（几乎太晚地）意识到这一
运动中最伟大的建筑家恰恰是那些我的同代人最不能容忍的：斯

特里特和巴特菲尔德。受贝哲曼先生的诗意眼光影响的一代人难以理解对19世纪建筑的情感竟然在1927年蔚然成风。在牛津，几乎所有人都相信基布尔学院是罗斯金建的。而且基布尔学院被认为是世界上最丑陋的建筑。大学生和年轻教师经常在下午散步时故意走岔路去嘲笑那个四边形校园。有意思的是，人们还相信罗斯金设计了基督教堂学院的巴利奥尔礼拜堂和草坪楼。这个信念不但年轻人持有，就连建筑施工时其父辈尚在牛津的那些人也那么认为。一位如今已是高级教授的著名史学家，甚至在一次公开会议上当面管我叫骗子，因为我否认罗斯金和这些建筑有任何干系。我真后悔当时没有让他写下来。正是在这样一种氛围下，我写出了下面的"导言"这一短章。我最初假设哥特复兴总体上几乎没有产生任何不让"敏感的眼睛"（1920年代的一个时髦特征）感到痛苦的建筑。但到我写"后记"时，我已经改变了立场。我认为哥特复兴的非主流建筑，那些银行、百货店和温布尔登的别墅是可悲的。我写道："这是一座多么可怜的献给普金、巴特菲尔德和斯特里特的纪念碑！"这一感叹的隐含意义是我认识到他们都是伟人，因此痛惜人们主要是通过一些商业化的衍生建筑来记住他们的建筑风格。读者可能会质问："你如果这样想，你为什么没有用专门的章节来写巴特菲尔德和斯特里特，将他们从遗忘中拯救出来？"我为自己开脱的借口写在"后记"中：我重复声明这本书只关注"复兴的理想和动机"，而不涉及建筑实物。但是真正的答案是，我对自己的立场没有十分的把握。我确信斯特里特是一位伟大的建筑家，但是我说不出为什么。我对真正的哥特建筑了解甚微，我没有信心对哥特晚期的变异做出判断。至于巴特菲尔德，他的彩饰和金属花格窗虽然没有妨碍我认清他的设计理念，却也让我失去了逆当时的舆论潮流而动的热情。所以，关于斯特里特和巴特菲尔德的章节我虽然认真考虑过，却未能付诸笔端，而现在动笔已为时过晚，因为它们会破坏本书可能表现出的内部一致性。不论好坏，《哥特复兴》是一个时代的产物，是一份诞生于它试图分析的趣味变迁史中的文献。

因此，我没有在原文中增加任何内容，只删掉了一些似乎是简单重复的句子。那些缺乏根据或可笑的句子都原封不动地留在原文中，因为它们是整体的一部分。我给一些过于离谱的地方加了注释。有些注释读起来或许有七旬老人的文风。我们经常听说1920年代像18世纪那样遥远，而《哥特复兴》是1920年代的作品。我有幸认识里顿·斯特拉奇，现在附庸风雅的周刊像鬣狗那样拿他当笑料。我却骄傲地宣布我受他的影响。饱经忧患之后，我们相信我们变得比从前聪明了。我们肯定没有从前那么有趣。本书的后面几章目的是为了娱乐。以娱乐为目标通常不免要牺牲一些真实和体面。如果这样考虑，我认为这几章写得不偏不倚。所以，我的注释更像老祖父的摇头叹息，并不是真要如何。然而，这些注释也确实代表了过去二十年间我对一切艺术的态度所发生的重大转变。这一转变是从我为了准备写这本书而去阅读罗斯金的《哥特本质》开始的。

我在注释中给出了自本书问世以来研究同一主题的大部分新

出版的书目。新书目比我预期的要少。虽然，毫无疑问，关于哥特复兴人们谈论和思考了许多，但直到1940年代，几乎没人写。而且，即便是写，也大多是为公认的结论提供佐证。无人能与古德哈特—伦德尔先生的学识、风度和睿智比肩。他是我们所有人的父亲。他对他的不肖子孙所表现出来的大度更加令人肃然起敬，因为他能看穿他们的全部伪装。最好的文章出自约翰·萨莫森的笔端，特别是他发表于《建筑评论》第98期关于巴特菲尔德的一篇杰出文章准确地表达了我的感受（除了我会提出霍尔曼·亨特作为对比，而不是米莱）。他让我得以解脱，没有必要再增写一章讨论让人不舒服的天才。但是最重要的名字并没有出现在我的注释中，因为他不是通过学识渊博的文章，而是通过他的诗歌和对话对我施加影响的。这个名字是约翰·贝奇曼。他是我们这一代中少数有真知灼见的人之一。他对哥特复兴式建筑的初始兴趣可能源于一种对被忽视的事物充满爱心的关注。他对建筑的敏锐反应，正如他对任何表现人类需求和关爱的事物的反应一样，使他能够透过时尚的云遮雾罩而辨认出沃伊齐和J.N.康普所蕴含的哥特复兴的生机。近期所有关于19世纪建筑的文章，特别是那些发表于《建筑评论》上的文章，都发生了观念的改变。这一改变应直接归功于贝奇曼先生讲话的影响。这再一次证明历史并非只能从故纸堆和学术出版物中发掘出来，它也可以来自人际交往和某个人的个性光芒。唯一的麻烦是贝奇曼先生的探索精神会导致那些无鉴别能力的乌合之众看到任何稍微偏离传统趣味的维多利亚时代建筑都会喜极而泣。因此，请允许我在结束这封信时给您一个忠告。您的先见之明让您出版了关于哥特复兴的第一部专著。在您寻找撰写第二部此类专著的作家时，一定要让他写得既不强词夺理又不挑起论战；既不挖苦奚落又不欣喜若狂，而是以真正的批评精神去写。此外，这个人一定要远比我更懂得建筑。

您忠实的，
肯尼斯·克拉克
1949年7月于汉普斯泰德

# 文献目录

Anson, P. F., *Fashions in Church Furnishings, 1840—1940* (1960).

Atterbury, P., and Wainwright, C., eds, *Pugin: a Gothic Passion* (1994).

Blau, E., *Ruskinian Gothic: the Architecture of Deane and Woodward, 1845—1861* (1982).

Brooks, C., *Signs of the Times* (1984).

Brooks, M.W., *John Ruskin and Victorian Architecture* (1989).

Brownlee, D.B., *The Law Courts: the Architecture of G.E. Street* (1984).

Clark, Sir K. (Lord Clark), *Ruskin Today* (1964).

Clarke, B. F. L., *Church Builders of the 19th Century* (1938; revised 1969).

—— *Anglican Cathedrals outside the British Isles* (1958).

Cole, D., *The Work of Sir Gilbert Scott* (1980).

Colvin, H. M., *A Biographical Dictionary of British Architects, 1600—1840* (1978).

Crook, J. Mordaunt, *William Burges and the High Victorian Dream* (1981).

—— *The Dilemma of Style; Architectural Ideas from the*

*Picturesque to the Post Modern* (1987).

—— *John Carter and the Mind of the Gothic Revival* (1995).

Cunningham, C., and Waterhouse, P., *Alfred Waterhouse, 1830—1905*; *Biography of a Practice* (1992).

Davis, T., *The Gothic Taste* (1975).

Eastlake, C. L., *A History of the Gothic Revival* (1872); ed J. Mordaunt Crook (1970; revised 1978).

Evans, J., *A History of the Society of Antiquaries* (1956).

Frankl, P., *The Gothic: Literary Sources and Interpretations through Eight Centuries* (1960).

German, G., *Gothic Revival in Europe and Britain* (1972).

Girouard, M., *The Victorian Country House* (1971; revised 1979).

Goodhart-Rendel, H. S., *English Architecture since the Regency* (1953).

Hersey, G. L., *High Victorian Gothic: A Study in Associationism* (1972).

Hitchcock, H.-R., *Early Victorian Architecture in Britain*, 2 vols. (1954; 1980).

Hunt, J. Dixon, and Willis, P., eds, *The Genius of the Place: the English Landscape Garden 1620—1820* (1975).

Hussey, C., *The Picturesque* (1927; reprinted 1967, 1976).

Lough, H. G., *The Influence of John Mason Neale* (1962).

Macaulay, J., *The Gothic Revival, 1745—1845* (1975).

Macleod, R., *Style and Society, Architectural Ideology in Britain,*

*1835—1914* (1971).

McCarthy, M., *The Origins of the Gothic Revival* (1987).

Muthesius, S., *The High Victorian Movement in Architecture, 1850—1870* (1972).

Pevsner, Sir N., *Some Architectural Writers of the 19th Century* (1972).

Port, M. H., ed, *The Houses of Parliament* (1976).

Quiney, A., *John Loughborough Pearson* (1979).

Robinson, J. M., *The Wyatts: An Architectural Dynasty* (1979).

Scott, G., *The Architecture of Humanism* (1914; revised 1924); ed D. Watkin (1980).

Stanton, P., *Pugin* (1971).

Summerson, Sir J., *Heavenly Mansions* (1949: 1963).

—— *Victorian Architecture: Four Studies in Evaluation* (1970).

Swenarton, M., *Artisans and Architects: The Ruskinian Tradition in English Architecture* (1989).

Thompson, P., *William Butterfield* (1970).

Unrau, J., *Looking at Architecture with John Ruskin* (1978).

Wainwright, C., *The Romantic Interior* (1989).

White, J. F., *The Cambridge Movement: the Ecclesiologists and the Gothic Revival* (1962).

Wilson, M.I., *William Kent* (1984).

# 导　言


　　1872年以来，没有任何关于哥特复兴的著作问世。[1]这五十年间出版了关于每一个时代，每一个国家的建筑、绘画和雕塑的书籍。似乎没有任何一种艺术因为过于离奇、没有任何一位艺术家因为过于微不足道而逃过我们的关注。然而，英国本土产生的范围最广泛、影响最深远的艺术运动至今却无人秉笔。伊斯特莱克本人是这一运动的参与者，他的写作显然有失公允亦缺乏完整性，但至今尚无人试图对他的《哥特复兴史》加以补充。

　　一个原因是哥特复兴是一场英国运动，也许是造型艺术中唯一纯粹的英国流派。[2]如果这一流派产生于德国，有关哥特复兴历史的著述肯定早已汗牛充栋。学者们肯定会著书立说，阐述怀亚特和亚特维尔之间的关系，或者论述吉尔伯特·斯科特的最后阶段，而无须花气力为该学科做整体综述。但是，哥特复兴一直被忽视的真正原因是它几乎没有创造什么不使人的双眼感到痛苦的东西。而且这种厌恶并不纯粹是一个趣味问题。在过去，时尚的钟摆摆动得十分缓慢，慢得使钟摆比喻显得有些滑稽，因为每摆动一次，我们都要等待一百年。但是，当摄影甚至为很少出门的人也开拓了审美体验的广阔视野之后，趣味世界变得像一台布谷鸟钟似的喋喋不休，

7

---

1　查理·L.伊斯特莱克的《哥特复兴史》出版于1872年。
2　与大多数所谓"挑战性"命题类似，这一陈述是不真实的。它忽视了德国的狂飙突进运动在哥特复兴中所起的作用。此外，如果我们考虑纯英国的艺术"运动"，14世纪和19世纪的垂直哥特式具有同等地位（1949年注释）。

批评家亦横空出世，每隔一小时都要以胜利的呼喊宣告新的发现。时尚仍然困扰着我们的鉴赏力的表层，为这种或那种风格添油加醋。但是，如果较起真来，我们几乎可以承受任何东西。哥特复兴却是那些我们难以承受的少数风格中的一个。如果我们相信客观价值的存在，我们就会理所当然地认为这些风格的确是乏善可陈。所以，我们也能够理解艺术史家一直忽略哥特复兴的原因。他们评论艺术作品，一来是因为自己受到感动，二来是希望通过欣赏将自己的激情传染给他人；或者因为一件美的物体使他们产生一种自然的欲望，促使他们去了解创作者和他所处的时代。在美的感召下，许多人会产生一种写作冲动。这种冲动是不可抗拒的，但也是不幸的。由于这种冲动，每一件看似优美或有商业价值的物品都在卷帙浩繁的出版物中获得过称颂，而既无美感又无商业价值的哥特复兴式建筑在学术期刊中几乎得不到只言片语。

诚然，这类写作很重要，有时也使人兴致盎然。但这不是处理艺术史的唯一途径。惯常的做法是把一件伟大的艺术作品作为中心议题，并试图将它放在当时的社会和政治环境中加以解释。但是，史学家还可以逆常规而行，通过分析艺术作品去理解该艺术作品所在时代的特性，以及生活在该时代的人们对形式和想象的需求。这种需求会随时代的变迁而产生难以解释的巨大变化。在某些特定时代，普通人只能欣赏具有某种形状和某种特色的物体。为什么会如此？这些形状来自何处？它们是如何被改变的？它们代表的是什么样的理想和梦境？问题的答案与这些物体的质量优劣无关。有时，一个时代的审美趣味确实集中于某一件超越时代的伟大的艺术作品之上，但是更经常出现的情况是，人们所钟爱的形状对我们来说却毫无美感可言。有时，整个时代就是这样表现自己：足够真诚却差强人意。美是一份历史文献，但历史文献不一定是美的。

8

所以，哥特复兴的丰碑值得研究。这无关其是否美观，只要它们确曾满足过大多数英国民众想象力的需求。而这一点，谢天谢地，是不容置疑的。哥特复兴潮方兴未艾之时，那种风格的建筑似乎像树林和草垛一样遍布各地。直到近期，我们才开始注意到这些怪物，这些丑陋的断壁残垣搁浅于维多利亚时代趣味的泥滩上。我们发现它们无处不在，在每一个城镇，无论是新城还是旧郭，甚至在几乎每一个村落。或许没有任何一座英国教堂能够完全免于哥特复兴的瘟疫，而民用建筑受其摧残之甚远远超乎我们的认知。敏感的眼睛通常会凭直觉将目光从丑陋的形体上移开。因此，目光所及，你注意到的新哥特式结构充其量不会超过总数的四分之一。

趣味史上没有哪一个篇章像哥特复兴这样容易把握。这段历史已经足够遥远，让我们可以窥得全豹，又不至于太遥远而让我们无法理解。大部分哥特复兴式的主要建筑仍然矗立，不再显得粗糙拙劣，但也尚未残缺不全。而且，和任何其他造型艺术流派相比，哥特复兴更是一场文学运动。每一个形式上的变化都伴随着文学上的革新，有助于作家完成将形状翻译成文字的艰巨任务。虽然，形式是一种语言，而且最终，受过专业训练的形式的语文学家将有能力解释任何可以从中见出装饰性冲动的丰碑，但初学者最好还是从线索明晰的语言开始，例如，从旧普罗旺斯而不是伊特鲁里亚开始，虽然后者更让人振奋。否则，你会发现你所做的不过是另一项关于某种风格的精神现象和形式问题的研究，在这类研究中，经常被强调的总是艺术的日耳曼根源。

第一章

# 哥特幸存

研究英国建筑的学者偶尔指出，哥特传统像涓涓细流，从亨利七世的小礼拜堂一直到议会大厦，从未间断过。从某种意义上讲，这种观点不无道理：在1600年到1800年间，几乎每年都有带尖券和人字形屋顶的建筑出现，也都有摇摇欲坠的花格窗得到修复。在这些年里，还有严格按照奥古斯都风格建造的教堂、校舍和私宅。这些建筑只能归于哥特式。有鉴于此，有些学者甚至指出所谓"哥特复兴"一词应属误导，应当取消。

　　经典拉丁文献在中世纪一直有人读，而且人们对待这些文本比安妮女王时期建造哥特式建筑还要认真。但是，当时选做文学范本的读物非常有限，支离破碎，缺乏代表性，对这些范本的理解也与原文的精神大相径庭。所以，我们可以理直气壮地说存在一场"知识复兴"。如果我们研究肯特或霍克斯穆尔的中世纪风格，我们会发现使用"哥特复兴"也没有任何困难。那股没有间断的哥特细流不应妨碍我们使用"哥特复兴"这个传统词汇。

　　但是，这一细流从未彻底消失。正当哥特传统行将就木之时，古文物研究者把它拾了起来。不久，文学界的带头人开始对其报以青睐，并使之为己所用。学术界对考古的兴趣及随之而来的对古迹的感伤兴味才是复兴的真正源头；它恰巧与哥特传统风格相交。文艺复兴的形式很晚才传到英国，融合的过程也相当缓慢，当考古探索开始时，哥特风格仍被采用。

　　从什么时候起哥特不再是英国的主流风格？肯定不是在16世纪。托里贾诺于1512年来到英国。他似乎是在那年的10月受雇建造亨利七世的陵墓。沃尔西于1515年开始建造汉普顿宫。国王学院礼拜堂的围屏上面文艺复兴风格的辉煌的浮雕木刻完成于1532年。虽然如此，哥特风格在一个世纪里都处于主导地位。纯粹的意大利风格仅仅局限于装饰的细部。[1]例如，位于多塞特郡克赖斯特彻奇的索尔兹伯里伯爵夫人礼拜堂的装饰板就是在15世纪哥特式的框架下建成。再比如，站在韦恩庄园边厅门上的两个小天使，这两个文艺复兴风格的孤独信使被包围在布纹饰嵌板中。在这段时期里，德国和弗拉芒工匠的影响也不显著。他们的影响主要表现在细节上，表现在建筑物需要精雕细琢的部位，例如门廊、壁炉或者坟墓。但是这些都是外国工匠孤立的尝试，或者是当地工匠现学现卖的努力。哥特式仍然是建筑的自然方式，是建筑的外壳，只是有时需要根据趣味加一些小装饰。哥特式仍然是标准，但可以根据当时的时尚稍有偏离。

　　真正的改变源于伊尼戈·琼斯。当然，这并不是说，如果没有伊尼戈·琼斯，英国就不会吸收古典和文艺复兴的风格。但是，假如历史进程可以归功于某一个人，那么伊尼戈·琼斯的天才引领了我们的建筑业至少一百五十年。伊尼戈·琼斯生于1573年，晚菲利波·布鲁内莱斯基将近二百年。伊尼戈·琼斯本人直到1612年第二次访问意大利之后才放弃了尖券。[2]这足以证明哥特式建筑在英国的坚韧持久。他的哥特建筑没有保存下来，但是我们可以接受沃波尔对他的评论："琼斯开始尝试哥特式时，他并没有成功。"这是

12

---

1　风格是意大利的，工艺却不是意大利的。这是一个完全不同的问题。
2　参见伊斯特莱克，第5页。但是这一陈述建立在沃波尔的《英格兰绘画轶事》一书不太可靠的权威之上。琼斯在那个时期的建筑现在已经无法确认。

因为他的建筑表现出与文艺复兴理念的完全认同。经过了十年的讨论之后,当琼斯终于决定对圣保罗大教堂进行修复时,他没有力求保留旧教堂的原有风格。[3] 修复工作始于 1633 年。我们可以把那一年视为哥特式微重要的一年。我们可以忽视一些局部或者时髦的创新,但是,当一座英国本土主要的、具有纪念碑意义的哥特式建筑被罩上了一层古典式的外壳,这新的建筑形式难免成为人们视线的主宰。

对词语的历史感兴趣的人还可以在语文文献学中为这个日期找到佐证。几个世纪以来,哥特风格一直没有一个正式名称。它就是建筑的唯一风格。一旦它被赋予一个名字,它就成了有别于其他风格的一种风格。当这个词被广泛应用时,我们可以说哥特式成了一种人为的独特的风格。或许,这个词是和从意大利传来的新风格一起到来的。[4] 这个词充满对野蛮的蔑视和征服者的傲慢。但是,不同于自"基督教的"一词以降的诸多带有轻蔑意味的名号,人们并不是以一种无畏而骄傲的心理接受这个词的。哥特式一词一直给欣赏哥特风格的人某种压力。这个现象一直持续到上个世纪中叶。

在英国,就像在意大利,尖券在早期总是和哥特人联系在一起。例如,亨利・沃顿爵士在他的《建筑的要素》(1624)一书中指出,

---

3  当然修复工作没有完成。大体上讲,在内战中断了修复工程之前,琼斯为教堂西端、中殿和耳堂加上了一个文艺复兴风格的外壳。

4  将"哥特"一词用于建筑很有可能源于意大利。但是没人能考证其时间,或是什么人第一次这样使用。雷纳克(《阿波罗》,第 12 章)说:"这个词据说是由拉斐尔首次使用,出现在送给教宗利奥十世的一份报告中,涉及计划在罗马修建的建筑。瓦萨里使'哥特式'这个修饰词广为传布。"拉斐尔没有用过这个词。他提道"所以,这些建筑都来自哥特人的时代"。他总是使用"德国建筑的风格"。我也没有找到瓦萨里使用过这个词的记录。在涉及建筑的章节里,他提到"哥特人"一次或两次。但他有如下论述:"所以,新的建筑师兴起,将野蛮民族的风格融入这些建筑之中。这种风格我们今天称之为德国式。"约翰・布里顿说哥特一词第一次应用于建筑是在帕拉第奥的文章中(《英国建筑古迹》,第五卷,第 33 页)。

这种形式"包括其尖角本身表现出来的愚笨,以及其极端的丑陋,应当从我们明智的目光中驱逐出去,交由其最初的创造者,哥特人,或者伦巴第人,与野蛮时代的其他残存的形式放在一起"。这句话是一位周游世界的人文主义者信仰的表露,他在品位方面走在了国人前面。但是,作为形容词的哥特式,在我们第一次见到它时,便好像已经被接受和理解了。1641年8月,年轻的约翰·伊夫林写道:"哈勒姆是一个非常精致的小镇。镇上有一座我见过的最精美的哥特式教堂。"[5]伊夫林在他的日记和其他文字里多次用到这个词。事实上,这是一个常见词,而且很快成为一个时髦词,经常用在任何不雅观的、与时代不符的情境中。很快,米勒曼特便用她流行语式的反诘让老派的威尔弗尔爵士莫名其妙——"啊,乡土气比哥特式更粗鄙。"[6]

所以,到17世纪中叶,哥特式建筑已经不再是主流风格。到查理二世时代,它已经变得罕见而滑稽可笑。但是,正如我前面所述,我们有理由相信哥特式从未消亡。既然哥特式得以存活的原因从来没有被认真考察过,所以,原谅我学究气地把这些原因分成三种。 14

第一,有一些建筑师虽习惯于文艺复兴风格,但给我们留下一些为特殊目的而建造的哥特式建筑。第二,有一些地方建筑师和工匠仍然钟情于旧传统。第三,对哥特式建筑的兴趣仍然残存。

在第一种情况中有一个伟大的名字:克里斯多弗·雷恩爵士。他对哥特式建筑的情感随着不同时代风尚对他的尊敬程度而显得

---

5 因为伊夫林在晚年修改或重写了他的日记,在语言使用上,我们不能过分倚重它。在他的日记中,我发现25处使用"哥特式"一词的例子。很可能还有更多的我们没有注意到。这个词主要出现在日记的前半部分。在最初的7个例子中,伊夫林似乎不太确定其拼法。他使用过几种不同的拼法,比如Gotiq、Gotick、Gotic,最后决定使用Gotic。在后面的日记里,除了仅有一次使用了Gottic,其他时候一直都是用的这个拼法。这好像不是在修改和编辑中临时加进去的。

6 康格里夫,《如此世道》,iv.2。

不同。哥特复兴派对他唯恐避之不及。他们虽然不喜欢他但也不敢蔑视他的建筑，他们随意引用《家世》为自己寻找佐证，因为里面充斥着对哥特式的不敬。稍后的年代则对他大加赞颂，认为他能够超越世俗偏见，独树一帜，是哥特风格的维护者。这两种评价都有失偏颇，但前者更接近真实。

"哥特人和汪达尔人将希腊和罗马建筑破坏之后，引入我们称为现代或哥特式的建筑。这些建筑怪诞而放荡，它们费时费力，雕花刻叶，充满花里胡哨的形象。"这段对中世纪建筑的描述不乏真知但缺赞美。虽然它出自伊夫林的《建筑家的故事》，但是我没有理由怀疑它不代表雷恩的真实感情，因为在其他文献中他亦表现出同样的情感，而这些文献的可信度是无可置疑的。他的索尔兹伯里大教堂报告判断可靠且含有技术创新，但几乎没有任何欣赏的态度。他的西敏寺教堂报告与其说是热情洋溢，不如说是居高临下。亨利七世的礼拜堂是"一件装饰极佳的作品"。但是他对"虚飘的飞扶壁"表示不满。他一方面将一个中央尖塔设计成了哥特式的，另一方面又认为"背离传统形式将导致令人不快的混合，有品位的人会对其嗤之以鼻"。这不是自相矛盾吗？这种矛盾在他之前的伊尼戈·琼斯身上不存在；在他之后的吉布斯身上也不存在。[7]但是这不能证明他对中世纪的建筑具有一种深切的同情，他的哥特式建筑本身亦不能证明这一点。雷恩的哥特式教堂有人崇拜，这些建筑有一个优点是后来哥特复兴时期的建筑所不具有的：它们都非常简单。雷恩只使用哥特式最基本的轮廓。或许，他已经预料到细节过分依赖传

15

---

7　吉布斯清楚自己的局限性。他在德比的万圣教堂将帕拉第奥式中殿与旧的哥特式尖塔连在一起。吉布斯一直被看作最典型的古典派建筑家，但是他有时也会表达对哥特式的欣赏。关于国王学院的礼拜堂，他是这样说的："一座哥特风格的美丽建筑，而且是我见过的最精致的。"

统技艺,很难成功复制;或许,他只不过是对"装饰极佳的作品"心存蔑视。在康希尔的圣米迦勒大教堂,我们可以直观这种单纯的价值。门廊是吉尔伯特·斯科特爵士后来加上的。这个附加的门廊看上去过分考究而难以消化,彰显了雷恩作品[8]的价值。但是,它在雷恩设计的全部作品中是最接近哥特风格真谛的,除了他的牛津大学基督教堂学院的主塔之外。圣米迦勒大教堂的内部是古典式的。雷恩在伍德街的圣奥尔本教堂尝试过建造哥特式的内部,结果与18世纪的沃波尔的礼拜堂一样,并不成功。仿扇形拱顶和总体效果都显得虚假而平庸。

　　根据我们的判断,雷恩不喜欢哥特式,他只是在环境的强迫下为之。但是在1702年,在建筑工程委员会中发生了一场变化。或许是范布勒,或许是霍克斯穆尔,影响了当时七十岁的建筑大师;或许是雷恩本人探索了一些新的风格;不管是什么原因,从那时开始,他的流派设计的作品变得更加大胆,更加充满动感,用我们的话说,也就是更加巴洛克化。据我们所知,发展了这种本土巴洛克风格的建筑师范布勒和霍克斯穆尔都没有去过意大利。他们可能是从当时存在的古典建筑中学到了一些细节的东西。但是至于圆形的设计,以及他们力图表现的动感和变化,除了中世纪的纪念碑之外,他们没有其他范本可以模仿。所以,几乎每一个范布勒的学生设计的建筑看上去都像是城堡,这就不足为奇了。关于这一点,范布勒本人也非常清楚。1707年,他写信给曼彻斯特伯爵。信中说,他计划让金博尔顿城堡带一些"城堡的气势,因为如果按照柱式要求的那样用壁柱建造前庭,将会破坏整体的和谐"。他进一步说:"我相信城堡气势会使建筑看上去高贵而有阳刚之气,可以和任何建筑媲美。"

16

---

8　其实圣米迦勒大教堂是霍克斯穆尔的。

在克莱尔蒙特,他不但放弃了柱式的规定,而且在庄园后面的山上竖起一座城垛塔楼。比这些明显的浪漫设计更有趣的是,他虽然只使用了古典的细节,却能赋予他的建筑一种顽固的中世纪个性。比如锡顿德勒沃尔,从一个特定的角度看,像是一只处于防守状态的卧狮。教堂是霍克斯穆尔的重点,相较而言他设计这种富于浪漫色彩的建筑的机会要少一些。他的兴趣在哥特细节,而且因为他技艺精湛,自然会专注于建造技术,诸如伊利大教堂的采光塔。范布勒从未用过尖券,而霍克斯穆尔却建造了牛津大学万灵学院的北方庭,设计了西敏寺的塔楼。[9] 他甚至有可能建造了沙特欧瓦的蒂勒尔上校花园里的哥特式庙宇。这样在细节上采用中世纪风格的效果远没有范布勒整体地运用中世纪风格来得成功。但是这些哥特细节对普通观看者来说更加明显,因而可能更具影响力。至少,它们并不总是失败的。西敏寺的塔楼比例匀称,虽然塔钟上面的三角

17　墙是文艺复兴风格的,但细节足够准确,也和整个建筑的其他部分相和谐。[10] 弗格森甚至对万灵学院的塔楼褒奖有加,[11] 尽管他的褒奖之词是用来侮辱他同时代的哥特派的。万灵学院几乎无人欣赏。整个建筑显得虚无缥缈,缺乏立体感,属于典型的前普金时代哥特风格。扶壁不承受推力,尖顶也显得轻飘无重量。真实建造这一伟大的哥特复兴原则至今仍然支配着我们的判断。我们至多可以同意沃波尔的观点:建筑师对哥特风格一无所知,但他"摸索着进入了如画风格,其中不乏辉煌"。[12]

假如我们问,这些对哥特风格浅尝辄止的伟人对18世纪后期

---

9　塔楼在霍克斯穆尔去世前没有完工。后来由约翰·詹姆斯完成。

10　但是,或许这不一定算数,因为西敏寺的外表几乎全是18世纪和19世纪的。

11　见詹姆斯·弗格森的《现代建筑历史》。

12　见《沃波尔选集》,第三卷,第433页。沃波尔起初将万灵学院归于吉布斯,这段引文取自该建筑家的生平。他在注释中改正了这一归属。

真正的哥特复兴有多少影响，我想答案应该是非常小。1718年，在雷恩被建筑工程委员会解雇时，存在一种对范布勒的本土化的巴洛克风格的反动。新流派的领军人物伯灵顿伯爵和他的朋友已经完成了壮游，从欧洲大陆回到英国本土。他们震惊于博罗米尼的哥特式的豪华，着迷于帕拉第奥的严格的数学比例。他们认为，范布勒单枪匹马地破坏了英国建筑传统，正像贝尼尼破坏了意大利建筑传统。随后的二十年里，英国建筑师严格遵循帕拉第奥的规则，而哥特复兴派正是针对这个狭隘的古典派的反动。但是这些厌倦了古典派独裁的哥特派并没有受到雷恩和他的流派的哥特风格影响。恰恰相反，他们对之十分反感。沃波尔认为，伊尼戈·琼斯、雷恩和肯特，"只要他们试图模仿哥特式，他们总是犯最严重、最蹩脚的设计错误"。[13]沃波尔因为在趣味上格格不入，被排除在雷恩的学生之外，而且这些人的目的和他的也截然不同。他们利用哥特式的设计主题去渲染古典风格，去创造一种巴洛克氛围，而沃波尔则希望用从古代纪念碑上拷贝来的细节重现中世纪的风格。霍克斯穆尔的哥特风格之所以与后期哥特复兴派相似是因为他的风格单薄而呆板。他们之间的纽带是无能而不是目的和趣味的类似。碰巧，威廉·肯特是在雷恩和沃波尔年代之间的一位建筑师，他偶尔尝试过中世纪的建筑风格。他在格洛斯特大教堂和贝弗利大教堂设计了哥特风格的围屏。他又为亨利·佩勒姆建造了一座哥特式庄园。但是，我们不能因此就把他看成雷恩和沃波尔这两个流派之间的连接。他是反范布勒的领军，而像沃波尔和格雷这样的真正的哥特复兴派也不屑把他当作同路人。虽然沃波尔曾经赞扬过伊舍——他

18

---

13　见《沃波尔选集》，第三卷，第95页。沃波尔将雷恩的基督教堂学院的大门廊的塔视为一个例外。沃波尔在1753年写给本特利的信中说，他在这里"看到了真正的哥特式的优雅，你一定喜欢"。

说，"肯特在这里表现出肯特的精华"——但是格雷则认为这不过表
明"肯特先生没有认真阅读哥特的经典"。他肯定是没有。肯特的
弱点是样样通，他尝试哥特式是出于环境的需要，但是与范布勒不
同，他对哥特式建筑的特色缺乏出于本能的欣赏，而且和沃波尔也
不一样，他不是一个古文物研究者。假如说他对哥特复兴有影响，
他的影响是作为如画风格花园的创始人，而不是范布勒史诗风格的
传播者。

　　地方建筑师的哥特传统在哥特幸存链上起到了更坚定的承前
启后的作用。我们已经说过，哥特传统一直处于一息尚存的状态。
这一点特别表现在教堂和校园建筑上。在乡村，17世纪建造的传统
哥特式教堂俯拾皆是。这些建筑的花格窗通常比较弱，卷叶饰比较
夹生，有时会掺杂一些古典的建筑主题。虽然如此，许多这类教堂
和人们一百五十年来建造的教堂没有差别。我在这里不费时间举
例，感兴趣的读者可以在瑞吉纳德·布鲁姆福德爵士的《英国文艺
复兴建筑历史》一书中找到一些例子。他在书中提到威兰（1672）
和汉利（1674）是传统哥特式建筑的最新实例。运用这种风格对旧
建筑进行修复和增建的例子可以在更晚的时期找到。地方上的古
文物研究者可能知道用这种风格建造的完整的教堂。但是，我没能
找到这些教堂。

　　哥特风格在17世纪的牛津的应用通常格外受到重视。当时，几
乎没有大型教堂和礼拜堂正在建造，只有大学才需要这类哥特风格
的建筑。做出这种选择很可能是受周围环境和保守传统的影响，但
实际上，选用哥特风格有一个更简单的原因。在当时，哥特式仍然
是建造学院和教堂的自然方式。牛津大学瓦德汉学院（1613）的醒

目特征不是其垂直式窗户，而是重叠式的大门。牛津的哥特式之所以受到重视或许是因为这种风格的内在优点，但更可能是出于多愁善感和宗教情怀。哥特复兴派与牛津运动有着千丝万缕的联系，他们深深地迷恋过去牛津的天主教，因此把那里的晚期哥特归因于保守传统，归因于牛津对中世纪崇拜里的装饰成分的偏爱。这一点特别明显地表现在他们对圣约翰学院的态度。他们愿意把这个学院看作一个孤例，是劳德的"盎格鲁—天主教"激情的一个实例。他们说，因为他喜爱旧形式，他自然而然地偏爱那种能让人联想到天主教美丽而繁杂的典礼仪式的建筑。劳德在高教会派德高望重，因而必然被尊为哥特复兴派的第一人。但实际上，圣约翰学院既不是最后一座也不是最具传统特色的一座牛津哥特建筑。坎特伯雷方庭建于1631年至1636年。大学学院直到1634年才开始建造；建于1630年的基督教堂学院的大厅阶梯的拱顶是牛津最好的17世纪哥特式建筑。此外，圣约翰的新楼是当时最不具哥特风格的建筑。它的拱廊方庭是明显的意大利风格，所以后人总是固执地而毫无根据地把它归于伊尼戈·琼斯。劳德当然鼓励建造教堂。但是当我们记起正是他促使伊尼戈·琼斯把圣保罗大教堂建成文艺复兴风格的教堂，我们就不能再认可把他作为哥特复兴派的第一人了。倘若不是因为这种说法被写入关于这个学科的学术著作中，我们实在不需要花大气力去揭露这种虔诚的杜撰。

有几件牛津哥特式作品是举足轻重的。第一件前面已经提到。建于1630年的基督教堂学院大厅台阶顶部的精美的扇形拱顶出自一位石匠。关于此人，我们所知甚少。我们只知道这位史密斯先生来自伦敦。无论他是谁，我们知道他是一位大师，手下雇用了手艺高超的工匠。只有生逢哥特传统之中，并且沐浴着哥特传统之风的人才能完成这项工作。从中我们可以看出哥特传统远远没有泯灭。

另一件哥特晚期的重要作品是大学学院的拉德克利夫方庭大门下的扇形拱顶。它是在1716年到1720年之间建造的。[14]在这段时间，万灵学院的北方庭也正在建造。两相对比，便得出了哥特风格如何存续的例证。在万灵学院的券拱下是简单的文艺复兴式穹顶；而在大学学院，是用传统方式建造的石料拱顶。在万灵学院仅有哥特装饰留存下来；而在大学学院，我们仍然能够看到对哥特建造的理解。整体来说，哥特装饰最能够经受时间的磨难而保留下来，并被不经意地融入巴特·朗吉莱和沃波尔的复兴作品中。这或许是自然而然的，因为即使是到了18世纪，仍然有必要做一些教堂修复工作。花格窗会坍塌，圣坛的屋顶会下陷，全国各地肯定有许多雕刻师，他们必然遵循几个世纪以来的装饰传统。我们经常意识不到我们所欣赏的哥特教堂有多少是在古典风格占主导地位时修建的。

哥特建造的方式以另外一种更不为人知的方式延续下来。在那些拥有充足的自然材料和强有力的地方传统的乡村，民居的建造一直保留着旧传统，直到18世纪也很少受到意大利风格的影响。一个科茨沃尔德村落可以拥有15世纪以降的各个时期的房屋，它们之间几乎看不出任何差异。谷仓和农舍一直用哥特的方式盖顶和扶壁。乡村工匠遵从普金的真实原则如同师法自然，普金对之赞誉有加，甚至他本人都做不到。中世纪装饰潮在城镇方兴未艾之时，中世纪建筑却在乡村不显山露水地生存了下来。沃波尔甚至不知道，任何一座普通的谷仓都比他的双尖塔的草莓山庄更真实地代表哥特风格。

14　霍华德·考尔文先生告诉我石匠承包工是威廉·汤森和巴塞洛缪·佩斯利，都来自牛津。

　　复兴发轫之初,《绅士杂志》的一位记者发现了一批石匠,这些人使用的工艺从宗教改革以来就一直没有改变过。当时有一种模糊的感觉,似乎这一发现很有价值。但是,没有任何记录表明沃波尔曾经找过这些人。恰恰相反,根据对草莓山庄的描述,受雇于那里的大部分工匠都与哥特风格无缘。我们知道,他们当中的许多人曾受雇于亚当和其他古典建筑师,他们是伦敦时尚公司的雇员。唯一的例外是盖弗利,他是西敏寺的石匠领班,还建造了沃波尔的礼拜堂。占据这样一个位置的人可能不仅仅与哥特有偶然的联系。[15]若果真如此,他肯定是哥特幸存和哥特复兴之间的唯一纽带,因为,没有任何证据显示埃塞克斯、怀亚特或者其他18世纪的哥特派雇用过传统工匠,而且他们不太可能这样做。幸存下来的建筑原则影响早期复兴派的可能性更是微乎其微,其概念本身在普金的传播之前并无人知晓。

22

　　如是,哥特的涓涓细流以各种各样的方式流淌着。其主流可以至少分为三条小溪。前面我们已经探讨过其中的两条。一条是哥特装饰,这条小溪从17世纪的教堂和礼拜堂通过雷恩和霍克斯穆尔流向复兴派巴特·朗吉莱和沃波尔。它从未间断,却与第二条小溪渐行渐远。作为哥特建造的第二条小溪流得缓慢,流淌在乡村,却也是一条不可小觑的细流。除去这两条没有多少成果的小溪之外,尚有一条更强大的溪流,哥特复兴从中汲取了真正的力量。我找不到一个更明确的词来表达。我权且称为哥特情愫。自从贫瘠的奥古斯都时代起,有这么一些人,出于种种原因,喜欢上了哥特建筑。这些人中的好奇者折服于哥特建筑的庞大和多样,他们当中的虔诚

---

15　但是,参见考尔文的《哥特幸存和哥特复兴》,《建筑评论》,第103期(1948年3月),第91页。文章指出盖弗利与传统哥特工艺无涉。作者认为哥特传统更可能是在本地工匠,例如克勒米的萨姆欣和奇平卡姆登的伍德沃德那里保留着。

者回想着那个竟然如此奢华地赞美上帝的时代，大多数旅行者都注意到了他们走过的村镇里大大小小的教堂。更重要的是，古文物研究者把哥特废墟当作他们的知识泉源，他们是哥特情愫的主要传递者。

古文物研究者早在哥特建筑失宠之前就已经存在。或许，他们的出现是由于宗教改革的兴起。看到修道院被捣毁，图书馆藏书散佚，他们才行动起来，著书立说，为消失的荣耀树碑立传。虽然在这些枯燥乏味的书卷之中很少有狂傲的伊丽莎白时代的爱国主义，23 但是他们同样是以爱国主义作为写作目的的，像诗人讴歌这个国家的战争一样赞颂这个国家的财富。哈尔和何林塞，还有无休无止的利兰，卡姆登本人，我们关注这些人的唯一原因是他们创建了古文物研究的传统。我们更感兴趣的是威廉·达格代尔爵士和他的合伙人罗杰·道兹沃斯先生。他们在几乎一百年之后研究并描述了中世纪的建筑成果。他们二人合作，耗时多年的第一个重要成果《英国圣公会修道院》(第一卷)发表于1655年。安东尼·伍德[16]描述了他第一次读到达格代尔的《沃里克郡历史》(1656)时由衷的喜悦之情。显然，这种心情不是他独有的。一个古文物研究的小圈子由此生发。他们以博德利图书馆为活动中心，从1660年开始，郡史和地方古文物的书籍源源不断地问世。在此没有必要逐一列举这些著述。《英国圣公会修道院》的后两卷(1662和1673)和坦纳的《修道院记录》或许是这些出版物中最重要的。[17]古文物研究学会是这一潮流的集大成者，它一度在詹姆斯一世时代被废除，又于1707年重新成立。

---

16 我不该在此提及安东尼·伍德而没有引用约翰·奥布里。奥布里是一个更用心的古物研究者。委婉地说，伍德从奥布里那里获得了大量信息(1949年注释)。

17 参考《剑桥英国文学史》，第九卷，第xiii章，第2页。

欣赏哥特式的并不局限于专业古文物研究者。过多的举例会
显得烦冗，我只选其中的两个，都是当时最著名的日记摘抄。1654
年8月17日，伊夫林这样描述约克大教堂："一座最完整、最辉煌的
哥特建筑。"虽然他偶尔对哥特风格有怨言，说"新近修复的建筑终
于摆脱了其哥特式的粗野"，[18]但我可以大量引述他对哥特风格的真
诚赞美。索尔兹伯里的佩皮斯写道："但是大教堂非常完美，比西敏
寺还漂亮，而且大小相当。" 24

显然，哥特没有被遗忘。但是，这些古文物研究者和有修养的
人在赞美这些建筑时要表达的真实感情是什么呢？推测过去时代
引起美学愉悦感的原因是危险的。心理学语言是最近才发展起来
的，我们的先辈用来分析喜悦的工具是相当粗糙的。如今我们的词
汇大大扩展了，可以表述感情的微妙差异，也使旧时的艺术批评语
汇显得如此佶屈聱牙，如此空洞而荒诞。因此，我们不得不撇开他
们申明的理由，而更多地从他们欣赏的物件本身和作者的热情程度
中得出我们自己的结论。例如，瓦萨里显然是一个极具趣味和睿智
的人，但是，他所陈述的批评准则不过是从艺术再现中获得一种天
真的喜悦而已。罗斯金挖空心思寻找恰当的词语，却经常歪曲自己
敏锐的感知。即使考虑到他们在表述方面可能有所欠缺，我仍然不
相信佩皮斯、伊夫林和古文物研究者完全是从建筑的角度去欣赏哥
特式的。佩皮斯和伊夫林都是有修养的人，但是我选择他们二位是
把他们看作那个时代的产物，因此他们也带有时代风尚的局限。引
起他们愉悦感的主要是庞大的和独出心裁的作品，而且他们坚称任
何艺术品都应有额外的智性兴趣点，即某些可以诉诸文字的、令人
印象深刻的事实。他们欣赏约克和索尔兹伯里，因为这两座建筑毕

---

18  1644年11月6日。

竟十分庞大而且设计新颖，人工和造价也必然昂贵。但是如果约克
大教堂的滴水嘴兽（雨漏）穷尽了各种各样兽类的数目，将会让他们
更加心满意足，即使不如排列整齐的矿物收藏有意思。这种欣赏与
对建筑本身的评价相去甚远。他们最明确的态度表露出现在 1682
年版的《英国圣公会修道院》的豪华封面上：通过一个华丽的文艺
复兴式拱门进入哥特建筑的世界，但是这一趣味的让步被拱门板上
所描述的场景所中和。其中一面是一个贵妇手指一座哥特大教堂，
并辅以文字：*虔诚和古老的信仰*。另一面是一位虔诚的国王跪在神
龛前，口里说着：*上帝与教堂*，背景是一座巨大的教堂。而与他相对
的是亨利八世手指着修道院的废墟，配着文字：*朕欲此*。在安全距
离之外，一组朝臣举着双手，对这一亵渎的行为惊恐万分。甚至在
17 世纪，也不可能将哥特建筑与宗教纠纷分割开来。

  在古文物研究者的传承中存在一个间歇吗？一位认真的研究
者认为有：这个间歇存在于《英国圣公会修道院》（1722—1723）的
再版和巴克的《古物与古废墟》（1774）之间。在此期间，他没有找
到任何值得注意的古文物研究作品。[19] 当然，斯塔科利在此期间出
版了《古迹探秘》。这部著作被另一位学者引用，作为哥特热情仍
在的证明。[20] 但是，斯塔科利那种对于一切大而古的东西不加区分
的喜爱实在难让人信服。因此，古文物研究学会重新成立之后，古
文物研究文献就开始走下坡路了，这样说绝不为过。我不认为对本
地古文物的兴趣已经终止，这种兴趣几乎已经转化为乡绅教育的一

---

19  哈费尔科恩的《哥特与废墟》，第 30 页。但是巴克的插图版是在 1720 年到 1742 年刻制的，
  《古代插图碑注》第一卷出版于 1747 年，此外，佩里的《英国勋章系列》于 1762 年出版。
20  见黑文斯的《蒲柏时代的浪漫主义》，载《美国现代语言学会》最新系列，第 319 页。这是一
  篇非常乐观的论文。文中收集了奥古斯都时代提到自然或中世纪的每一个可能的出处，但
  因为强调个例而忽略了通则。霍华德·考尔文先生告诉我斯塔科利亲自做过哥特风格的设
  计，却没能实施。

部分,《绅士杂志》从最早的文章开始就关注这个题目。即使如此,我想我们还是可以把这段时间看作幸存和复兴之间的分界。当古文物研究再次为众人瞩目之时,它已成为对格雷和沃顿等人的兴趣了。格雷和沃顿同为诗人,他们对哥特的热情源于文学冲动。这种冲动兴起之时,古文物研究已经开始淡出。如果说哥特复兴有一个起点,那么这种文学冲动才是它的真正起点。

26

27

第二章

# 文学影响

18世纪早期，诗人开始运用我们称为哥特情绪的东西。或许，确定这个时间，正像确定趣味变迁历史中的其他时间一样，带有主观任意性。或许，诗歌里的哥特情绪如同建筑中的哥特风格一样从未间断。如果愿意，我们可以把伊丽莎白时期戏剧里的恐怖和邪恶场景称为哥特式。许多批评家也用这个词描述玄学派诗人的回旋繁复。但是，我们这里只关心两位早期"哥特"诗人。部分原因是他们有意识地营造了这种情绪；同时也因为他们两人为18世纪的复兴奠定了基础。我指的当然是斯宾塞和弥尔顿。斯宾塞创造了几乎全套哥特舞台道具，为后代诗人提供了场景。

> 在一个空穴的底部，
> 在一块陡峭的岩壁下面，
> 黑暗、阴沉、恐怖，像一座贪婪的坟墓，
> 仍在期待腐烂的躯壳，
> 上面站着鬼魅般的猫头鹰，
> 发出悲惨的尖叫。[1]

弥尔顿的哥特式略显矜持，也更精巧一些。

> 可是让我期待的双脚不要忘记，
> 走过灰暗曲折的回廊，

---

[1] 《仙后》，I. xi. 33。

　　我爱那高耸的穹顶，

　　那些巨大结实的柱梁，

　　那些画满故事的繁饰轩窗，

　　投下朦胧的宗教辉光。[2]

28

　　我们如果想知道弥尔顿和斯宾塞是在什么时候开始真正走红的，最稳妥的办法就是查阅《旁观者》。这个杂志不是趣味的领路人，除非绝对确定不会看走眼，它从来不称赞某个作家。1711年12月，约瑟夫·艾迪森宣布他准备写关于弥尔顿的系列文章。1712年11月，斯蒂尔发表了一篇称赞斯宾塞的文章。[3]同时，早期哥特的鼓噪也开始出现。我没有必要引述威廉·哈里森或者温切尔西伯爵夫人安妮·芬奇，不过稍举几个例子还是有必要的。通常能引发忧郁之思的物件有限：废墟、青藤、猫头鹰，它们的各种可能的组合很快就被耗尽。蒲柏的《艾洛伊斯致亚伯拉德》（1717）是其中最早也是最好的。此外，蒲柏还一直被尊为古典主义的主要人物。

　　在这些孤立的墙里（时代久远，地老天荒）

　　这些长满青苔的穹顶，带着耸立的尖塔，

　　恐怖的拱门将正午变成黑夜，

　　从朦胧的窗户洒下冷峻的光线；

29

---

2　《沉思颂》。针对这一段引文，托马斯·沃顿，最热忱的哥特复兴主义者之一，写下了这样一条注释："旧圣保罗大教堂是哥特风格最宏伟、最神圣的典范。弥尔顿在与教堂相邻的圣保罗学校受教育，因而自小产生了对这一古老的宗教建筑——它的穹顶、神龛、梁柱和彩绘玻璃——的崇敬。"见托马斯·沃顿编著的《弥尔顿早期诗集》，1875年。

3　这些日期很有可能被过分强调了。严肃的读者——他们总是只占少数——从未停止对这两位作家的崇拜，虽然无论是当时还是现在，他们都有可能对斯宾塞刻意的古雅感到半开心半恼怒。《旁观者》真正有价值的是包含艾迪森关于《切维山狩猎》的论文（1711年5月）的那几期。但是那几期已经被当作一个转折点出现在所有学校的课本里了，所以我无须在此再强调。

> ……
>
> 但是越过晨昏的树林和阴暗的洞穴,
>
> 以及狭长的岛屿和交错的坟墓,
>
> 黑暗的抑郁坐在那里,在她周围洒下
>
> 死一般的寂静和恐怖的长逝:
>
> 她阴郁的存在使周围的一切变得悲伤,
>
> 给每一朵花罩上阴影;给每一片绿色染上黑暗,
>
> 将流水的潺潺变成宣泄
>
> 向树林呼出更加阴郁的恐怖。[4]

蒲柏的诗,尽管运用了各种哥特元素,还是带有奥古斯都时代的烙印。这里,有必要引用戴尔的《格伦哥山》里面的诗句。戴尔在诗中用了斯宾塞的素材和弥尔顿的韵律。

> 现在这里是乌鸦荒凉的巢穴;
>
> 现在这里是癞蛤蟆的居所;
>
> 这里是狐狸觅食的安全去处;
>
> 这里是毒蛇繁殖的地方,
>
> 隐藏在废墟、青苔和杂草丛中;
>
> 这里,一次又一次地,倒塌下
>
> 成堆的巨大断壁残垣。[5]

我认为戴尔的诗句很有魅力。同样,蒲柏的诗句很美,但与斯宾塞的诗一样,都非常戏剧化。读这些诗的时候,我们只会想到老派的

---

4 《艾洛伊斯致亚伯拉德》,第141—144行,第163—170行。
5 《格伦哥山》最初发表于1726年,但用的是十音步格律。

舞台布景,而不会想到真正的哥特建筑。月光从两侧洒向舞台,猫头鹰的眼里闪着不自然的光。不幸的是,感伤主义者就像瘾君子一样,每一次都要求比上一次更多的剂量。"更加阴郁的恐怖"虽然恍恍惚惚地令人内心不安,但也只能提供一点转瞬即逝的刺激,与大卫·马雷特的《远足》(1726)中渐近高潮的恐惧相比,简直是小巫见大巫了。

> 在我身后升起巨大而恐怖的乱石堆,
> 孤立在这一片荒郊野岭,坟茔之地,
> 荒芜,凄凉,惨淡的废墟所在,
> 沉思于没有眼球的骷髅和散乱的遗骨。
> 他鬼魅般坐在那里,目露凶光,
> 灰色的梁柱长满青苔,倒地的半身像,
> 带着时代印痕的拱门,纪念碑的石块,
> 破损,面目全非,快速沦为灰尘,
> 不再展现虚妄的辉煌。
> 这里一切都是死一般的寂静,没有一丝生气,
> 除去风的叹息和嚎哭的猫头鹰
> 孤独地向着悲哀的月亮尖叫,
> 她将微光投向西边越过远处的岛屿,
> 那里阴郁的幽灵挪着影子般的脚步
> 围着他的坟茔转圈,或徘徊。[6]

30

这就是哥特诗歌的本质,动用所有手段以营造忧郁情绪。继续举例

---

6 《远足》首次单独发表于1728年。我引用的是这一版。

已经没有必要,重要的是要记住:这种风格的文字多不胜数,而且持续走俏了很长一段时间。到了18世纪末,当这种风格扩散到历史罗曼司当中时,许多人一定认为哥特情绪是自然而然且永恒的存在,是文学题材取之不尽的源泉。

无须强调喜爱这种戏剧化的腐朽和喜爱哥特建筑两者之间的联系。不可否认,从马雷特的诗句中获得乐趣的大众不一定会严格地从建筑的角度去欣赏索尔兹伯里大教堂。但是,若能感觉到哥特建筑带来的刺激,哪怕是其最粗糙的形式,就是一个重要的开端。而且,我们也可能找到文学趣味和建筑趣味之间有关联的直接证据。这些证据中有一些不能过于认真对待。研究早期浪漫主义运动的史学家虔诚地收集了从文人墨客笔端流出的每一句哪怕是无足轻重的关于哥特建筑的文字。比如他们引用艾迪森,因为他多次听人说起米兰的大教堂,[7]而这座教堂在哪个时代都不可能被忽视。或许,更重要的是他对锡耶纳大教堂的欣赏:"看过圣彼得大教堂的人再看锡耶纳大教堂仍然可以获得快感,尽管后者完全是另一种风格,而且只能看作哥特建筑的杰作。"[8]但是,这个评论实际上也并不恰当,因为锡耶纳大教堂那欢快的、带有南部粗俗风格的外观与哥特诗人所钟爱的充满神秘、长满青苔的废墟大相径庭。在锡耶纳大教堂辉煌的正面放一只猫头鹰会显得不伦不类。

从这类轻描淡写的品鉴中寻找哥特诗歌和建筑之间的联系是徒劳的。但是,在这个时期的评论文章中,我们可以找到非古典时期的文学和哥特建筑之间的直接类比。这类评论的第一篇是休斯撰写的《斯宾塞作品导论》(1715),他在其中写道:"所以,将它(《仙

31

---

7  然而他对该教堂的评论并不太恭维。参考他的《意大利点评》,重印于古特克尔希的《艾迪森杂文选》,第29页。

8  同上书,第175页。

后》）与古典的范例相比，就好像是在比较罗马建筑和哥特建筑。前者无疑更具有自然的宏伟和简洁；而后者则是美和野蛮的混合，但得益于劣质装饰的变化多端带来的新鲜感。虽然前者在整体上显得更庄重，但是后者在局部上更令人惊艳，更赏心悦目。"更重要的一段评论出现在蒲柏撰写的《莎士比亚戏剧集前言》（1725）中："我将得出这样的结论：关于莎士比亚，不论他有多少问题，我们可以把他的作品和那些更完美、更规矩的作品相比，就像比较一座古代的宏伟的哥特建筑与一座工整的现代建筑。虽然后者更优雅，更炫目，但是前者更坚固，更庄严。"

　　这两段评论被文学史学家广泛引用，以证明哥特建筑影响了文学趣味。但是，我认为，我们可以毫无顾虑地说反过来才是正确的。在英国，对文学作品的热爱和理解远远超过，甚至可以说淹没了人们对视觉艺术的欣赏，这几乎是不言而喻的。一种新的趣味时尚最可能首先通过文学被感知。莎士比亚和斯宾塞会在哥特建筑之前被欣赏。事实上，正是这些伟大作家的可供类比的形式照亮了遭人蔑视的哥特建筑风格。毕竟，无疑是伟大的莎士比亚敢于抗争亚里士多德的三一律，才打破了古典偏见的壁垒。既然亚里士多德的原则可以被成功地推翻，为什么维特鲁威的不可以呢？哥特建筑正是跟随这一文学类比才逐渐被人接受的。至少人们感觉到了这一类比，这也许是哥特风格没有被完全遗忘的另一个例证。

　　有了蒲柏和休斯的两篇论文，我们就可以分析最初感受到哥特建筑之美的人们的心态了。人们明显折服于哥特建筑引人联想的魅力，对其形式上的可能性也有一个模糊的理解。这两种心态都源于文学，但第一种是哥特诗人所表达的；第二种则是休斯所诠释的，

32

特别是他提到劣质装饰的变化多端令人惊艳，赏心悦目。

　　在整个18世纪，这种对哥特的喜爱一直是文学性的，即使是在古文物研究最兴盛的阶段也是如此。而这种文学性得以维持是出于一种看似偶然的原因。在18世纪的上半叶，复兴过程中的两个主要因素——诗人和古文物研究者，各行其是，互不干扰。他们甚至不属于同一股潮流，因为当哥特诗歌开始复兴时，古文物考古运动已经接近尾声。但是在接近18世纪中叶时出现一批人，将文学与考古统一在一起。他们是哥特复兴的创始人，值得载入史册。

　　这些人当中年龄最大，名气也最大的是托马斯·格雷。森茨伯里先生曾说，格雷的文学批评有两个最突出的特点：忠实依赖历史和随时准备接受新生事物的优点。这两个特点使他能够欣赏中世纪文学的价值，同时也对中世纪建筑有敏锐的感悟。此外，他是一个知识渊博的学者，对自己的研究有一种无私心的热爱。格雷由于极度害羞而将自己圈于象牙塔内，他对哥特的理解是逐渐演变的。起初，他继承了这样一种观点：哥特建筑是一堆不规则的装饰物，单个看或许能吸引人，但最多只是如此。他的观点逐渐发展成对哥特建筑真诚的喜爱以及一种与我们大同小异的对哥特建筑的历史态度。格雷最初提到哥特建筑是在1739年，那一年他正与沃波尔结伴在欧洲大陆旅行。当时的观察无足轻重。他这样描写亚眠大教堂："一座巨大的哥特建筑，外表镶嵌着数千个小雕像，里面装饰着漂亮的彩色玻璃窗和许多小礼拜堂，摆满各种各样精美的祭坛装饰，刺绣、镀金品和大理石制品。"[9]这些感受和他同时代的其他游客无异，只是表述得更加吸引人而已。和艾迪森一样，他也赞美锡耶纳大教堂："用传统方式装饰着各种哥特精品。"[10]这两段文字均取自格雷

9　见邓肯·托维编《托马斯·格雷书信集》，第一卷，第17页。
10　同上书，第30页。

33

写给母亲的信。有人认为这表明他们对中世纪文化持轻蔑态度，但其实，任何更加郑重其事的描述对他的母亲来说都是毫无意义的。不过我发现了一个重要现象：在格雷的全部旅行中，他只有在给他母亲的信中才提到哥特。在给韦斯特和艾什顿的信中却只字未提，在他的笔记中也没有。看来对于有品位的人来说，哥特是不值一提的。

对我们来说，这次欧洲大陆旅行最有意义之处是两位年轻游客对荒野山川景色的溢美之词。一般评论通常说，在此之前山川之美无人欣赏，尽管表面看来，这种结论是站不住脚的。萨尔瓦多·罗萨的画就深受喜爱，说明这一结论肯定是不正确的。但是，讴歌荒野之美的作品在当时确实还是凤毛麟角。格雷在描述大沙特勒斯山时说，"这里每一段绝壁，每一条激流，每一块断崖，都孕育着宗教和诗歌"，[11] 在此，他表达了一种在当时才刚开始被人们感知的浪漫情怀。

十四年里，格雷公开发表的信笺中找不到任何关于哥特建筑的文字。他经常旅行，住在约克和达勒姆，但是他从未提到那里的大教堂，我们未再见到他使用哥特这个词，直到他开始批评他的朋友沃波尔的玩物，他珍爱的草莓山庄。但是他给我们的印象是，在这期间他一直在研究哥特。他指责肯特没能有品位地或认真地阅读哥特经典。[12] 草莓山庄委员会曾经咨询过他，他甚至被委以负责挑选哥特墙纸的工作。他的趣味与我们不同，他在草莓山庄看到了"一种从未在其他地方见过的纯洁而得体的哥特主义（除去少数几处例外）"。有一段时间，他对沃波尔的扩建表示赞赏，甚至包括那

34

---

11 《托马斯·格雷书信集》，第一卷，第44页。
12 同上书，第246页。

个华而不实的荷尔拜因屋。诺顿·尼科尔斯写道:"但是当沃波尔先生增建了带有镀金和玻璃装饰的画廊时,格雷先生说:'他堕入了奢华。'"[13]草莓山庄的著名画廊直到1763年才建成,彼时,格雷已经全神贯注地投入了哥特考古的研究。

　　我猜想,格雷对哥特建筑的兴趣源于他对哥特文学的研究,这项研究的成果是《欧丁陨落》。瓦尔哈拉和约克教堂似乎没有多少关联,而格雷也小心翼翼地区分凯尔特人和哥特人。但是,在1750年,对中世纪的认识依然是漆黑一团,最终只有哥特人从中浮现并获得了一个方便的名称。1758年,正沉浸在中世纪文学研究中的格雷写道:"我目前的研究是要知道,无论我身在何处,以及无论我的能力可以企及的范围,什么才是真正值得一看的,无论它是建筑、废墟、公园、花园、远景图、绘画,还是纪念碑,……以及不同时期的特性和趣味是什么样的。"[14]自从意大利之行以来,这是他第一次表现出对古文物的兴趣。不久,可怜的梅森开始给格雷写信,详细而冗长地记录约克教堂。格雷也开始回信,他的信博大精深,并对"好的哥特风格"做出了描述。[15]

　　我们很容易低估格雷的考古学的重要性。在我们的时代,关于各种哥特风格差别的知识已经非常普及,几乎到了可以信手拈来的地步,我们很难想象那时候大部分人还相信尖券是撒克逊人创造的,西敏寺是忏悔者爱德华的作品。不止巴特·朗吉莱一个人认为大部分哥特建筑建于丹麦人入侵之前。这种混乱源于哥特这个词。哥特人据称在很久以前就开始繁荣,而追溯哥特风格起源的最早的

---

13　《格雷往事》,格雷的挚友诺顿·尼科尔斯牧师著。参见托维编《托马斯·格雷书信集》,第二卷,第291页。

14　1758年2月21日写给沃顿的信。见《托马斯·格雷书信集》,第二卷,第23页。

15　1763年2月2日。同上书,第三卷,第6页。

尝试便将这个半神秘的民族与尖券联系在一起。威廉·沃伯顿主教写道:"哥特人征服了西班牙之后,当地的适宜居住的温暖气候以及当地居民的宗教传统刺激着他们智慧的发展,激发了他们错置的虔诚,使他们创造出一种新的建筑。这种建筑不为希腊和罗马人所知,建立在独创的建筑原则之上,其思想也催生了古典辉煌的思想更加崇高。这个北方民族习惯于在树林里朝拜他们的神祇,所以当他们需要遮盖的建筑结构来从事宗教活动时,他们最大限度地仿照树林,巧妙地设计了这个结构,使它既能满足他们过去的习俗,又能在炎热的气候里提供一个凉爽的空间,满足当下的舒适要求。"[16]

与这类观点相比,格雷的理论是富于学术性且深刻的,而且他的研究方法也是科学的。梅森告诉我们:"为了知道一座建筑的年代,他不依赖文字说明,而是寻找该建筑本身显示的内在证据。"他又补充道:"他具有超凡的智慧,只需看上一眼就能够判断出我们的大教堂的每一个具体部分的准确建造时间。"[17]当然,对于一个门徒的热情,我们要有一定的保留。虽然格雷的博学很少记录在案,但是从转述的只言片语和同代人的评论中,我们可以看到他的确有相当高的造诣。

从格雷的几封书信中可以看到他的考古学识,[18]然而他的学识主要体现在他对两位朋友的作品的批评中:对沃波尔的《英格兰绘画轶事》一书中关于早期建筑的章节的评论,以及对詹姆斯·本汉姆的《伊利大教堂史》的评论。这两部作品都是送给他请他指正的,这一点当然很有意义。更有意义的是,本汉姆书中关于哥特建筑的论述经常注明是出自格雷的。在布里顿看来,这些论述在有关

36

---

16 《蒲柏集》注释,第三卷,第326页。
17 见 W.梅森的《托马斯·格雷诗集,附生平及作品回忆录》,1807年,第二卷,第239—240页。
18 《托马斯·格雷书信集》,第三卷,第5—6页。

哥特建筑的早期研究中是最准确的。毫无疑问,格雷对本汉姆的判断产生了深刻的影响,他对其他剑桥考古学者也有影响:他把梅森和沃顿培养成了出色的哥特学者,他很有可能曾经鼓励詹姆士·埃塞克斯。在前面已经引用过的《格雷往事》一书中,格雷自1764年以来的好友诺顿·尼科尔斯有一段关于他的英雄(格雷)酷爱哥特建筑的全面叙述。书中写道:"格雷先生对哥特建筑的热爱和知识是众人皆知的。他特别坚持认为,哥特建筑的效果在教堂建筑中表现得最充分。此外,他赞美哥特建筑上许多装饰品的优雅和品位。我记得他说过:'你爱说什么都行,但你必须承认它很美。'可惜我不记得他这句话说的是哪个建筑。他说,他从没听说过哪个尖券是在约翰王时代之前建造的。关于这一点,我知道卡特,那位伟大的哥特批评家,和他的观点是一致的。"

37

这一段描述显示,格雷不但学问渊博,而且对哥特建筑真正敏感。当然,认为他像我们一样欣赏哥特建筑是不明智的,他认为诺曼式(他称为撒克逊式)"建筑比例拙笨而沉重,装饰粗糙而尴尬"。[19]但是直到19世纪,很少有人欣赏诺曼式建筑。他责备沃波尔,认为他不应该把亨利四世时代看作哥特建筑的顶峰。这个观点是超前的。他说:"关于哥特建筑的最完美的时代,请允许我持不同意见。没有什么能比(具有伟大而简洁的风格的)约克教堂的中殿更优雅,也没有什么能比那个教堂(做工精细的)唱诗班席更精美。但是,这两件都是爱德华三世时代的作品,前者在初期,后者在晚期。伊利的圣母堂(现在是三一教堂)以及教堂的采光塔同样是同一时代的杰作。"[20]在给梅森的一封信中,他对一座更早的建于亨利

---

19　见格雷给梅森的信,《托马斯·格雷书信集》,第三卷,第6页。
20　同上书,第336页。

废墟和洛可可
取自本特利的《格雷》

花园大门
取自沃波尔的《草莓山庄描述》

三世时代的哥特建筑表示赞赏。在卡姆登学会成立之前,很少有人会否认垂直式风格的美更高一筹。格雷对哥特的鉴赏能力与将灰泥尖顶加在帕拉第奥式正面的乡绅品位是不可同日而语的。

关于英国建筑的史籍只要涉及哥特复兴,就必然要强调沃波尔的重要性。据我所知,这些史籍没有一部提到格雷。因此,有必要引用沃波尔在讨论哥特时加在《英格兰绘画轶事》一书中的注释。　38

他写道:"这些注释不会给格雷先生这样杰出的学者增添任何荣誉。促使我列出他名字的原因无非是我对他的感激之情或是我自己的虚荣心。我必须说,如果这本书中某些部分比以我的无知或粗心所能写就的更准确,读者和我都应该感谢这位绅士,是他屈尊改正了这些文字。"[21]

尽管格雷一生离群索居,他对自己时代的品位还是有一定的影响。然而,或许因为他过于懒散、过于敏感,他不是一个非常有效力的为哥特复兴摇旗呐喊的人。这副担子落在了沃顿兄弟的肩上。

沃顿兄弟在年轻时已投身到新浪漫主义中。十八岁时,约瑟夫写了一首颇具挑战的诗,题目是《狂热的人:或自然的爱人》(1740)。[22]他的弟弟托马斯比他更早熟,浪漫情怀也更激烈,才十七岁便写了《忧郁的乐趣》。这首诗谈不上是创新,事实证明,艾肯赛德的《想象的乐趣》是一种广受青睐的形式,那几年里各种关于"喜悦"的诗歌充斥文坛,布莱尔的《坟墓》和杨格的《夜思》也名声大噪,在这两首诗的意象和反响面前,沃顿的诗几乎没有新意。和他们一样,他也只是想坐在月光下的废墟上,

---

21　《沃波尔作品集》(四开本版),第三卷,第98页。
22　1744年才首次发表。后面我会举例说明"狂热者"一词在当年的含义,这些例子将显示约瑟夫是如何全身心地投入浪漫派之中。

当阴沉而神圣的寂静统治着这里的一切，
除却孤独的叫声刺耳的猫头鹰，它把巢穴建在
坍塌黑暗和潮湿的山洞之中，
平静的微风发出沙沙声响，吹过
摇曳的常青藤的叶片，像绿色的披风，
笼罩着废弃的塔楼。

39　　这首诗具有明显的哥特风格，但是与其他18世纪诗人的作品大同小异。倘若托马斯·沃顿不是真正热爱哥特建筑，或者不是一个充满激情的考古学者，我们本不会对这首诗有太多兴趣：

那蜿蜒苍白的古路径没有崎岖
没有荒芜，而是撒满鲜花。

沃顿的诗写在达格代尔的《英国圣公会修道院》一书的空白页上。从他留下的大量古物研究素材中，我们可以看出他的写作很真挚。沃顿在学期中和学期间经常外出旅游，每看到一座哥特建筑，他一定做记录。他的观察不比格雷的更有趣或更有新意，但他的观察数量更大，因而更重要。他矮胖敦实，不在乎旅途辛苦，而且适应了客栈的生活。为了克服忧郁心情，格雷尝试种花养草，而沃顿则去和泰晤士河上的船工一起畅饮。他宁愿混迹于社会底层，而不愿徘徊于牛津大学的教员公用室。他从事考古旅行凡三十年，格雷在体力上肯定不能承受。

　　他的考察没有任何明显的目的。或许沃顿打算研究哥特建筑

的历史,但是他的大量笔记从未梳理,更没能发表。[23]在他年轻时,他曾经公开为哥特风格大声疾呼。他第一次对哥特风格表示赞美是在他的《伊希斯的胜利》(1749)中,一年以后他又发表了《温彻斯特古迹考》,这本小书的内容非常不准确,后来遭到米尔纳痛批。[24]但是,他对哥特复兴最伟大的贡献是在1762年版的《〈仙后〉论》中。里面有对下面这两行诗的一条注释:

> 升起
> 庄严的梁柱,框在多立克的外表

这条注释是最早发表的试图勾勒出哥特建筑的起源和发展的文字。[25]当然,细节并不准确;但是总体轮廓是正确的。在当时,将撒克逊人与尖券区分开需要独立思考;而做出沃顿这样的分类需要实打实的学术研究。他的注释于1800年重印,受到后世哥特史学家布里顿和威尔逊的赞赏。

40

沃顿的小论文被誉为"哥特复兴的真正信号";但是同年出版的另一本书更值得享有这一荣誉。这就是1762年出版的霍勒斯·沃波尔的《英格兰绘画轶事》。

沃波尔在任何18世纪的中世纪研究中都应该占据中心位置。当然,他不是一个创始者。指出趣味发展的新方向,给人的头脑里灌输一个新的乌托邦,需要更多的想象力和独立思考。沃波尔不具

---

23  1759年到1773年的旅游札记的手稿现在是(或者曾经是)毕晓普斯托福德的M. 李小姐的财产。七卷旅游手稿现存温彻斯特公学图书馆。除此之外可能还有其他手稿。
24  见约翰·米尔纳的《温彻斯特历史》。
25  约翰·奥布里追溯哥特发展历史的尝试也出现于1762年,作为佩里的《英国勋章系列》的附录。

备这种能力。但是,当新的思想在人们当中传递时将它捕捉并加以强化,这同样需要天赋。沃波尔具备这种天赋。聪明、好奇、温文尔雅、有社会地位,这些财富比强烈的信念和博学更有价值。这些优良的特性给他的信件增色,甚至给他更加荒唐的考古研究增加了一些可读性。格雷和沃顿都是很好的写作者,而且都是考古学者;沃波尔关于考古的写作也不错。不幸的是,他选择了一个需要一定程度的准确性的学科,而准确性令他厌倦。他从卷帙浩繁的郡县志中——这是他的信息的主要来源——抽取的是他感兴趣,而不是有可信度的内容。那些轻松的概括省去了日期、脚注和大写字母,更容易让懒惰的读者接受,却给很多学者造成了麻烦。

41　　　沃波尔发表过的涉及哥特的最重要的作品是《英格兰绘画轶事》一书中关于中世纪建筑师的章节。虽然在随后五十年中有许多有关哥特建筑的专著问世,但是这些书关心的是诸如尖券的起源之类的考古问题。在这些书中,哥特不是被看作一种建筑风格,而是一个被认可的炫耀学问的领域。这些作者的批评态度只表现在一些模糊的表示赞赏的形容词上,诸如"古老的"、"崇高的"。但是,沃波尔确实做出了一些有价值的尝试,他试图评价哥特的美学价值,特别是与古典建筑相比较而言,而且他得出了一些非常公正的结论。这就是为什么我们对这一章最感兴趣。他写道:"尖券,那种哥特建筑所特有的尖券,明显是为了对半圆拱加以改进而设计出来的。那些不幸未能想象出希腊风格的简洁和比例的人却有幸创造出了上千种优美和效果,辉煌而文雅,高大而轻灵,神圣而如画。最崇高的希腊庙宇也很难表现一座最好的哥特风格的大教堂所能表现的一半。这是建造它们的建筑师和牧师传道的技巧的明证。"显然,沃波尔对哥特的感情远远超过他的同时代人。哥特不是被看作一种仿中国风格,因其新奇而被容忍,亦不是一种只适用于废墟的风格,而是被看作一种严肃的建筑风格,以其强烈的情感魅力区别于其他建筑风格。当然,他同样受到当时流行的信仰的限制,认为哥特是一个黑暗的迷信时代的产物,并且承认大教堂是这样一些牧师的作品,他们"挖空心思,穷尽一切知识和激情而构建的庙宇,其华丽壮观,其结构机制,那些拱顶墓穴、着色玻璃、幽暗与透视,无不倾注着他们浪漫虔诚的情感"。文中有一段,他甚至感到自己为哥特所做的辩护已经超出一个有品位的人的审慎界限了。"我当然不是要……在正规建筑的理性美和哥特所代表的无限制的放任之间做一个比附。"但是,他紧接着说(此时他又恢复了勇气):"但是,我坚持认为,那些建造了哥特建筑的人对他们的艺术的理解比我们愿意相信的要深刻得多,更有品位、天赋和分寸。在他们的某些作品的建造过程中有一种神奇的执着,这种执着不应视为一种任性,否则他们不可能如此持之以恒。"同样,在给 M. 马里耶特的回信中,他很快便承认了古典风格的优越性。但是他又补充道,虽然一个学校教师能够遵守三一律,但是"要能写出《麦克白》,还是需要多一点天分的"。

42

五十年过后,这些文字很可能代表了一个对中世纪古文物略知一二的普通时髦人物的态度;再过五十年,则被认为是大不敬。而如今,沃波尔的这些观点又变得可以接受了。他的语言对我们来说是陌生的——我们几乎不说西敏寺优雅,但是我们许多人会同意:"你必须有鉴赏力才能感受到希腊建筑的美,但你只需要激情就可以感受哥特。"沃波尔的批评对于我们而言最陌生的部分是他坚持强调哥特的"迷信"成分。他似乎相信,大教堂就是一个陷阱,用来捕获信徒,让他们皈依罗马天主教。我们早已不再把尖券和罗马天主教联系在一起,但是在许多年里,这种联系给哥特建筑的庄严音乐罩上一袭邪恶的不协和音。

　　1764年6月,沃波尔梦见自己身处于一座古堡之中("一个像我这样满脑子都是哥特故事的人,做这样一个梦是非常自然的"),在大楼梯最顶端的扶手上看到一只巨大的包在盔甲里的手。醒来后,他坐下来,把梦境记录了下来。当时他没有丝毫计划要写什么,两个月之后,他完成了《奥特兰托城堡:一个哥特故事》。这本书非常适合18世纪那种缺乏批评精神的浪漫主义。在我们这个时代,我们总会要求白日梦多多少少要有一点真实的可能性,沃波尔的罗曼司看起来完全是无稽之谈。但是正像约翰逊评价斯特恩时所说的那样:"他的废话和他们的荒唐完全对路。"所以,《奥特兰托城堡》第一次印刷在三个月内便全部售罄。

　　其他作者自然而然要效仿,他们都要借鉴沃波尔书中最抢眼的特点:闹鬼的城堡、拱顶、吓人的幽灵。克拉拉·里夫小姐坦承她的《英国老男爵》受到沃波尔的启发,[26] 马修·路易斯在出版他的成名作《僧人》之前,曾采用《奥特兰托城堡》的风格写过一个故事,甚至拉德克利夫夫人也要感谢沃波尔,虽然她的故事中只有超自然力出现。当然,我们不能让他对全部妖魔鬼怪的故事负责任,夸张的伤感来自法国;维特式的悲伤源于德国;那些千奇百怪的幽灵所依赖的传统也比奥特兰托城堡古老得多。哥特小说家是墓园诗人的自然继承人,墓园诗的全套行头——废墟、青藤、猫头鹰——在小说

43

---

26　严格来说,1777年出版时书名是《美德的护卫者》。只是再版和后续版中,书名才改成了《英国老男爵》。

中再次出现。但是经过半个世纪的反复使用，这些行头已经失去光泽和风趣，需要添加新的佐料：一种与18世纪不相容的疯狂激情。哥特诗人已经唱出了奥古斯都时代和声微弱的不协和音，哥特小说家则声嘶力竭——他们的大喊大叫是针对一切古板和可能的东西的彻底反动。反动是他们的主要冲动，反动几乎是他们与哥特复兴的建筑部分的唯一联系。不幸的是，要在18世纪的哥特小说和建筑之间指出一种流畅的相互作用，甚至一种紧密的对应关系都是不可能的。罗曼司中的所谓哥特性表现在阴郁、野性和恐怖，而18世纪要理性得多，不可能允许这些特性进入民用建筑。事实上，这种哥特性与建筑形式之间没有紧密联系。诺桑觉寺似乎没有尖券，但是它的建筑年代和不规则的结构，甚至它的名字，都使凯瑟琳·莫兰丧失了理智。哥特形式与忧郁诗人有直接的关联，不过在假废墟（这些废墟比拉德克利夫夫人的罗曼司早五十年）里，哥特形式是用来创造轻灵而多样的氛围的，而不是为了恐怖和神秘。就连《奥特兰托城堡》的作者也认为自己的城堡漂亮欢快。在放山庄园之前，建筑从来不是为了让人毛骨悚然的。恐怖浪漫文学[27]在哥特复兴中占有一定地位，因为它们呈现了小说读者是在何种心境中观察建筑的。但是，如果要在18世纪后半叶寻找文学对哥特复兴的影响，我们没有必要花时间在《奥特兰托城堡》的后代上，而要到那些对中世纪表现出真正的兴趣，对中世纪的艺术和风俗表现出尊敬，对其成就有严肃研究的著作中去寻找。沃波尔对我们重要，不是因为他的哥特罗曼司，而是因为他的哥特城堡。

44

45

---

27　文学狂热经常是在这个日耳曼标题下被描述。参考伊迪丝·班克黑德的《恐怖故事》，迈克尔·萨德勒的《诺桑觉小说》和埃诺·雷洛的《闹鬼的城堡》。

# 第三章

# 废墟和洛可可：草莓山庄

草莓山庄被研究的程度至少与它的名声一致。描述草莓山庄的作者大多专注于庄园的奇形异状，或者一些纯粹的花边趣闻，例如，沃波尔可怜的猫塞莉玛溺毙其中的水盆。甚至那些对山庄建筑的描述也把它孤立看待，从不试图将它与它所在时代的趣味联系在一起。但是，要想理解草莓山庄在趣味发展史中的重要性，我们必须认识到草莓山庄是那个时代的产物，是在恢复哥特形式的尝试中诞生的。事实上，它不是创新，而是一个代表时尚主流的范例。

虽然沃波尔在1747年买下草莓山庄，但是他直到1750年才开始认真地把他的庄园打造成哥特风格，而且直到1753年，第一期改建工程才完成。因此我们可以假设，任何在这个日期之前已经存在的18世纪哥特建筑都不可能受到沃波尔的影响。恰恰相反，这些哥特建筑代表着当时的时尚，它们影响了沃波尔。关于这些哥特建筑的记载散见于各处而且相互矛盾，有的出现在私人信件中，包括沃波尔本人的信件；有的记载于日记中，例如玛丽·德拉尼的《自传》；有的发表于杂志中，例如《世界》。我不敢保证我已经穷尽了所有可能的资料来源，因为任何信件往来都可能包含这一时尚的重要线索。但是，从我查阅过的资料中能够明显地看出，哥特被用于两个或多或少明显不同的目的：刺激想象，或是作为一种轻灵的装饰形式。第一个目的在仿古遗迹中得到满足。

最缺乏幽默感的学究也不可能十分认真地探讨仿古遗迹，但请原谅我在这里偏题对此略加讨论，因为仿古遗迹是联系诗歌和建筑

中的哥特情绪的最简单的桥梁。对18世纪感兴趣的人不会忘记园
艺在各种艺术中所占据的高位。随着时间的推移,人们逐渐明白建
造花园的目的是引发一种情绪,那种诗人和艺术爱好者喜爱的使人
愉悦的愁绪。人们认为原生态的荒野不足以产生这种效果,孤立的
树林和盘根错节的树木必须与人造的鬼斧神工相互对照才能增强
效果。时尚的目光通过文学介质观察风景,"如画美"这个词的出现
说明自然也需要通过另一种艺术,即绘画艺术的媒介去观察。毫无
疑问,英国18世纪的视觉深受意大利风景画家,特别是克罗德和萨
尔瓦多·罗萨的影响。有关他们的文字在当时俯拾皆是,这也进一
步证明他们的风靡和影响程度。[1]在他们的绘画中,几乎总有一片
废墟,象征着忧郁,提醒我们时间的胜利。正是这种将"艺术映射到
自然"——当时就是这样称呼的[2]——这种"透过艺术的染色玻璃,
有意识地从文学或形象化的角度去思考自然"的做法,给我们带来
了那些建筑怪物:仿古遗迹。

　　起初,这些废墟都是古典风格的,因为它们主要受意大利风景
的启迪。甚至很快就要成为哥特风格的倡议者的巴特·朗吉莱在
他的《园艺的新原则》(1728)一书中也只探讨了古典模式。但是,
流行的情趣开始转向哥特风格是有其原因的:首先,真正的废墟往
往和仿古遗迹效果相同,而且几乎不用花钱就可以建起来;此外,英
国所有真正的废墟都是中世纪的。其次,哥特风格是一种风靡一时
的忧郁风格,也就是布莱尔和杨格所表现的那种忧郁,借助于一座
摇摇欲坠的券拱,欣赏《夜思》的人就可以将自己想象成一件艺术
品。事实上,浪漫主义的本质就是原因所在。每一种浪漫风格都反

47

---

1　见伊丽莎白·曼沃灵的《18世纪英国的意大利风景》。
2　见洛根·皮尔索尔·史密斯的《词与成语》,第82页。

映出其创造者的白日梦想,一种让他生活在自己的想象之中的乌托邦。这种理想世界或多或少总要与现实世界相互补充。当现实充满暴力,生活没有安定时,想象就渴望古典的宁静。而当社会变得稳定时,想象则需要行动,在18世纪那种极端安定的社会中,白日梦就充满极端的暴力。³古典英雄显得单薄而缺乏冒险精神,而由艾迪森普及的中世纪歌谣提供了一批全新的英雄,他们桀骜不驯、嗜血成性,而且行踪神秘。任何废墟都可以唤起忧郁,但是只有哥特废墟才能激发十字军的骑士精神或是僧侣一腔热血的虔诚。在后面的一章中,我们要讨论这种自我戏剧化是如何变得疯狂,以至于需要建造整座的房子来满足这种欲望。

弄清楚第一座哥特废墟是什么时间建造的应该很有意义。沃波尔提到了吉布斯建的一座,但这种可能性微乎其微。⁴我们知道肯特曾使用过这种风格,我更倾向于让他对此负责。因为,正是他起而反叛规整的园林,并使浪漫主义的无规则性进入时尚。肯特去世于1748年。1743年,杨格已经出版了他的《夜思》,布莱尔也发表了他的《坟墓》,而且能人布朗也已使如画风格在英国公园当中传播开来。根据这些普遍指征,我们可以确定第一座仿古哥特废墟出现在1745年之前,但是有年代记载的第一座建于1746年。这一作品出自瓦立克郡瑞德威镇的业余建筑师桑德松·米勒之手,建在厄齐山自家的领地。⁵据说米勒是一个称职的帕拉第奥风格的建筑师,但是他的名声建立在他对哥特风格的精通之上。他似乎在郡里小有名气,经常有大人物到他的城堡边举办野餐会。那个地方显然

48

---

3　散见于《曼斯菲尔德庄园》和《诺桑觉寺》。

4　吉布斯确实为利兹伯爵在柯克顿公园设计过一座哥特式废墟。现存阿什莫林博物馆的设计原件上的日期为1741年。

5　关于米勒,参见 L. 狄更斯和 M. 斯坦顿编《18世纪通信集》。

让他们玩得开心。我们发现,1747年米勒在哈格利建起了一座仿古遗迹,这或许是他最大的成功。甚至连沃波尔都对它倾倒。他在给本特利的信中写道:"这里有一座城堡废墟,是米勒建的,很像诸侯战争的遗迹。凭这座废墟,他可以在草莓山庄自由发挥。"[6]不止沃波尔一个人对这座废墟表现出热情,米勒收到了大量废墟城堡的订单,莱斯特伯爵要建一座,哈德威克伯爵也要建一座,阿伦则在靠近巴斯的领地建起了整个仿中世纪的立面。

　　米勒的仿古遗迹看上去凄凉而荒唐,却显示了他对中世纪建筑的娴熟,而且它们至少总是用石头建造的。富裕的客户能够承受这种对自然主义的让步。但是,一般乡绅不会花大钱去满足自己的想象,这些人的废墟用料通常是石膏或帆布。如果使用的是更耐久的材料,他们便会想方设法让废墟有一些实用价值。梅森说:"把每一座满足农场之需的结构建得像城堡一样。"[7]他进一步建议:

> 再建一个圆顶
> 为鸽子和幼鸽提供安全居所,
> 让每一堵宽大的扶壁
> 用巨大的石块建造
> 为母牛和骏马遮风挡雨。

　　大部分仿古遗迹都是用不能耐久的材料建造的。这反而更好,因为,当潮流过去以后,那些尚存的石头建造的废墟必然遭到被遗

---

6　这是很重要的称赞,因为沃波尔嫉妒米勒。当他们相见时,米勒让他非常不耐烦。见沃波尔写给丘特的信,1758年8月。
7　见梅森的《英国花园》。

**49**　弃的命运,并且会受到更有鉴赏力的后代的嘲弄。熟悉英国乡村的人都会记得一两座为某种情绪而建的纪念性建筑,现在被称作傻大建筑(follies)。[8]

从废墟中汲取营养的建筑浪漫主义以其他更浅薄的方式表现出来,生产出一大批难以分类的作品。我在此将其统称为洛可可,虽然用这个词概括那些比较沉闷的塔楼似乎过于轻飘。此外,在一些异想天开的建筑中,似乎很少保留哥特成分。即使如此,这个词还是有意义的,因为它传递了一种纯粹的装饰风格——不够自然,略带牵强,也并不很严肃。在欧洲大陆,这种风格通过将巴洛克的线条和动感加以扭曲而实现。为了使旧形式多样化,为了满足流行的对远方的渴望,人们从被视为奇境的东方引入新的主题。追求"中国风"的时尚传到英国,并风靡了半个世纪,[9]但是英国没有巴洛克风格可供扭曲,于是就拿哥特式作为替代。[10]事实上这并不奇怪。对于18世纪而言,哥特式基本上是一种紊乱的风格,在这种风格中,部分大于整体。尼夫《建筑者指南大全》的第一版(1703)将哥特式描绘为"大规模的、笨重的、不方便的"。但是,在三十三年后出版的第三版中,编者加了一个注解,说这一特点只适用于古代哥特。我理解的所谓古代哥特是指诺曼式。书中进一步解释道:"现代哥

**50**　特走向了另一个极端,其特征是轻灵、精巧,过于丰富甚至异想天开的装饰。"[11]甚至像格雷这样一位严肃的哥特喜爱者也把兰斯大教

---

8　从一开始就是这样称呼的。参见《世界》,1754年2月14日。关于仿古遗迹的文献,参见《关于斯托的对话》(1748),以及约瑟夫·黑利的《关于哈格利美景的通信》。
9　中国风比哥特来得稍晚。参见《世界》,1753年3月22日。引文见下。
10　哥特洛可可在欧洲大陆甚至意大利也能找到。比如,提埃坡罗在维琴察的圆厅别墅的壁画。这些壁画表现古代和遥远地方的人们。其中一幅是哥特环境的中世纪场景,后来被称为游吟诗人风格。
11　《城镇与乡村购房者和建房者词典:或建筑者指南大全》,学者理查德·尼夫原创和编纂,第三版,1736年。

堂描写成"一座巨大的哥特建筑，出奇地美而轻灵，挤满了大大小小的雕像和其他装饰"。[12]这些正是洛可可的材料。而且哥特式充满异国情调，虽然不像仿中国风格那样在距离上遥远，但是在时间上是遥远的，它具有一种联想性和装饰性的价值。没有任何其他东西更能刺激18世纪追求繁复的嗜好。[13]

然而，最早的哥特洛可可风格的倡导者并不有意追求这种轻浮。巴特·朗吉莱的《在诸多宏大设计中因规则和比例而得到改进的哥特建筑》出版于1742年。虽然书的结尾部分讲解了各种各样的避暑别墅的设计，但是从书前面的插图可以看出朗吉莱是很严肃的。这些年来，他一直被误解。据称，可怜而愚蠢的巴特希望将他18世纪的规则应用到被鄙视的无规则的哥特建筑上。这种野心勃勃的尝试被经常当作笑柄。[14]但是，这种错误的断言实在没有必要，因为朗吉莱在他著作的一个版本中附加了一篇序言，其中清楚地陈述了他的意愿。在此，我必须大段引用这篇序言，因为它最能说明18世纪关于建筑的观点。

这些是建造和装饰王国的古老建筑赖以遵守的规则，它们已经彻底失传数百年。因此，我花费近二十年做了艰苦的研究，力图为了后代的福祉重建并公布这些规则。只要机会允许，我对目前仍然矗立在这个王国里的大部分古代建筑进行了实地考察，总结出其中的设计和装饰规则。这些设计和装饰处于原始状态，也是私宅建筑中最美的部位。它们由于丹麦人入侵而不幸被破坏。后人不但被

51

---

12　见邓肯·托维编《托马斯·格雷书信集》，第一卷，第30页。

13　哥特被视为庸俗装饰的极端例子是一位年轻的女士用贝壳将巴特尔修道院的一个柱廊覆盖起来。见沃尔波尔写给本特利的信，1752年8月。

14　例如，伊斯特莱克，第51页。他没有阅读朗吉莱的序言，而且宣称大英博物馆没有收藏。

剥夺了领略撒克逊建筑方式或建筑风格的机会,而且也丧失了理解装饰这些建筑的几何规则的良机。因为,这些规则是无法凭空臆想的。在那个时代,许多富有创新精神的撒克逊建筑师画出了那些珍贵的规则设计草图。但是这些也连同他们一起被埋葬在废墟中了。

最后,我必须引用他对西敏寺的立柱的赞赏:

每一位不带偏见的鉴赏者都能直观地看到这些廊柱的高度和设计遵循着美丽的比例和几何规则。其中的任何部位都不是希腊或罗马柱式可以超越或与之比肩的。

很明显,巴特·朗吉莱并没有打算将自己的规则强加给哥特。他小心翼翼的尝试足够荒唐,但难以避免。文艺复兴剪除了窒息中世纪艺术的繁芜细节。这项工作是按规则进行的。维特鲁威给建筑制定规则,列奥纳多曾试图给绘画制定规则,但不如维特鲁威成功。更晚些时候,朗布依埃沙龙给文学制定了规则。我们或许不喜欢帕拉第奥或者马莱布,但是我们至少有幸躲过了中世纪文学无止境的花哨比喻和跑题以及中世纪建筑未经消化的细节。是规则拯救了欧洲艺术。

巴特·朗吉莱真是崇拜哥特。因此,他认为哥特是建立在规则之上的,要想真正理解哥特就必须重新发掘这些规则,而且更重要的是,它们是复兴的必要条件。他为此开始了这项谦卑且孜孜不倦的发掘工作。他从一种过于维特鲁威式的立场出发,结果令人失望。但是他的动机非常好,甚至他主要的诋毁者也认同这种出发

52

终结视线的八角亭
取自巴特·朗吉莱的《改进的哥特建筑》

大客厅内的烟囱
取自沃波尔的《草莓山庄描述》

点。整个19世纪，人们一直试图找到哥特建筑的规则，直到教会建筑学家一锤定音，将自己的教规强加于上。这些教规比巴特的规则还要严格，但同样出格。

　　我一直在为巴特·朗吉莱的动机辩护，但我从未对他的研究成果表示赞许。在他言之凿凿的序言之后，大设计一章令人大失所望，一开始的激动到此已经烟消云散。朗吉莱向我们保证，他的壁炉架八法举世无双，他的花园椅亭、寺庙和凉亭的十四种变化据信是最接近古代撒克逊建筑的，自丹麦征服后绝无仅有。但是我们失望地发现，这些所谓重新发现的哥特规则却被用在一些如此无足轻重的建筑上。例如，看到"终结视线的八角亭"之后，我们也就明白了为什么"巴特·朗吉莱的哥特"不久即成为一个贬义词。[15]早在1754年，格雷便指责肯特引介了"一种现在称为巴特·朗吉莱式样的'混合风格'"，格雷补充道，"他是一个建筑家，却出版了一本蹩脚的设计书。"[16]

　　我说过，朗吉莱的书在这类出版物中最早问世，但是同时代的还有其他书籍。因为朗吉莱的书一经出版，其他书籍便如雨后春笋般问世。一位作者在1753年的《世界》[17]中写道："几年前，一切都是哥特。我们的房屋、我们的床、我们的书、我们的躺椅，都是从我们古代大教堂的边边角角抄袭而来。"我们有记录可以证明他所论不虚。1752年，德拉尼夫人举办了一场舞会。舞会会场的一间屋子装饰得像一座树林，里面的岩洞布置得惟妙惟肖，一座哥特礼拜堂

53

---

15　然而他的书一直有市场。直到19世纪，泰勒还出版了一个新版本。

16　见邓肯·托维编《托马斯·格雷书信集》，第247页。他在讨论艾舍的中国风哥特式房屋。他声称肯特发明了巴特·朗吉莱的风格，实际上可能真是如此。比较一下肯特为西敏厅画的素描和巴特的任何设计就可以看出来。肯特在西敏厅做的工作始于1739年。

17　见《世界》，3月22日版。作者（W. 怀特海）在其中将哥特时尚与新来的中国风进行对比。

被用作餐具柜。[18]这些设计抄袭自当时的各类出版物。这些书无一不是愚蠢透顶，模糊不清，语焉不详。只有其中一部获得了不朽的名声，那便是奇彭代尔的《柜橱制作指南》，[19]然而它的不朽并不是因为其中的哥特设计。幸运的是奇彭代尔的制图员几乎没有灵感，书中的哥特家具大部分都错误百出。如果这些怪物真的被按图索骥地制作出来（所幸，它们都过于复杂而昂贵，拿不到几份订单），哪怕手艺最巧的工匠也挽救不了它们（的确有很多拙劣的设计被他们救过来）。奇彭代尔的插图有意思的地方主要是它们的标题。有一些设计标明是哥特风格，却没有表现丝毫哥特特征。那个时候，任何豪华的特征都被称作哥特或中国风格。1754年，[20]一位给《世界》投稿的作者写道："你肯定已经注意到了，最近我们的建筑有了长足的进步，不仅因为采用了我们所谓的中国风格，也不仅因为我们称之为哥特风格的复兴，而是因为一种中国风格和哥特风格的巧妙结合。从海德公园到肖尔迪奇，几乎没有哪一家蜡烛店，没有哪一个牡蛎摊，看不到这种装饰。"

当本特利提议建一张一侧是中国风格，另一侧是哥特风格的庭园座椅时，他肯定是在嘲讽这种杂交品位，因为在我上面引用的那段话中，中国装饰和哥特装饰的混合被视为庸俗不堪。也有体面人犯了这种错误，拉蒂默的那座房子经过了巴特·朗吉莱规则的处理，其装饰中有一半是他的杂交哥特风格，另一半是哈莱特的混杂的中国风格。[21]迪吉·贝特曼的作品也一样拙劣，直到沃波尔接

54

---

18　参见《自传》。
19　出版于1754年，书中的设计出于数人之手。比较一下原始绘图（现藏于纽约大都会博物馆），我们可以发现谁是哥特式家具的设计者。
20　2月14日。切斯特菲尔德。
21　见沃波尔写给本特利的信，1755年7月5日。

手。[22]但是这种混合通常是一种暴发户的迹象。阿特拉斯先生[23]描述了暴发户（Mr. Mushroom）如何给他的旧屋加上哥特尖塔；墙被切出缺口形成城垛；笨拙的动物被装在门柱上，面对面咧嘴傻笑；大厅用锈迹斑驳的刀剑和手枪加固。但是，房子的一部分设计给人旧哥特建筑的印象，另一部分却看上去像意大利建筑中的半露柱、扶栏和其他部分。木匠哥特式是一种大众而非贵族的狂热，沃波尔认为他自己的草莓山庄是远离这种狂热的。但是在他开始采用哥特风格的很久以后，大众的狂热仍然没有降温。在沃克斯豪尔的乡村音乐屋便是用这种哥特风格重建的，[24]而在那个世纪余下的时间里，有许多关于哥特装饰的书籍问世。[25]这些书中包含的哥特装饰为最朴素的房屋、壁炉架或者木制门廊提供指导，大到寺院，小到普通推拉窗里的木质小尖券。

　　我想知道这些书中的离奇建议有多少在实践中被采纳了。哥特窗框最微不足道，也是最持久地受到大众追捧的例子，在许多老镇上都可以见到。[26]但是观景亭很少能经受住时间的折磨存活到现在。有时，我们能在伦敦郊区见到一些，被用作工具棚而苟延残喘。我估计还有的在乡村公园潮湿的废墟里不为人知地腐烂着。它们的尖顶已经折断，它们的编花已经凋零，通常只剩一个孤零零的尖券，证明它们曾经是西敏寺劣等的继承人。

　　为什么依然关注这些荒诞的东西？我们难道不能赞同伊斯特

55

---

22　见沃波尔写给斯塔福德伯爵的信，1781年6月13日。

23　见《世界》，1753年4月12日。

24　奥斯汀·多布森说是"大约1758年"。我没能找到更确切的日期。

25　例如，代克尔的《哥特建筑》(1759)，莱特的《怪诞建筑》(1768)，克鲁姆登的《便利和装饰建筑》(1768)。这类书大部分都在凯瑟琳·A. 伊斯戴尔的《1749—1827年间建筑手册中的小型房屋及其设施》里提到过，见《皇家目录学会会刊》第15卷，或瓦里斯的《木工集锦》，1774年。

26　然而，这些通常年代稍晚。它们最常见于接近世纪末建造的救济院中。

莱克的观点，认为最好忘掉中世纪艺术诞生的原因，而不是像巴特·朗吉莱这类倡导者那样继续维持它的活力吗？我有充足的理由相信洛可可哥特在复兴过程中仍然占有一席地位，如果我们能够从历史的角度而非其本身的价值来看待它。在趣味史中，在对一种陌生的风格形成真正的理解之前，往往存在一个模模糊糊的、不假思索的热情阶段。这个阶段经常会唤起我们对于一个更明智的时代的幻想，但它往往是通往真正理解的最健康、最自然的道路。让我从众多例子中选取一个将我的意思表达清楚。我们相信中国早期的绘画和雕塑非常重要，是艺术活动的严肃的例子。然而，我们目前对这一丰碑般的艺术的理解始于几位巴黎画家和作家对最粗糙的日本套色木刻的热情。歌川国贞俗艳的印刷品在时间和精神上都与宋代绘画相去甚远，正像沃克斯豪尔的木匠哥特式与达勒姆大教堂的中殿相去甚远一样。我们认识到中国艺术之重要性的过程非常缓慢，从肤浅到高雅，又从高雅到严肃。我们无须在细节上追踪二者的平行发展，但是用这个小得多也近得多的发展过程作为类比可以帮助我们理解哥特在18世纪的发展。

我相信即使是仿古遗迹也对我们有一定价值，因为那种能够从帆布做成的尖顶中得到乐趣的心态与我们现在的心态出奇地不同。据信，19世纪之前，建筑物因其外观特征而不是因其所能唤起的联想而获得推崇。我不必再费笔墨指出哥特从一开始就是一种文学风格，其魅力纯粹来自其引发的联想。但是，我们的联想能力发生了多么奇特的改变！我们或许会被突然看到的废墟打动，但是一旦知道这些废墟是人为的，我们的愉悦便烟消云散。我们不能将我们的感受孤立起来，我们不能不受事实干预地去欣赏一种戏剧效果，而且当我们发现一个貌似城堡的废墟实际上是一个伪装起来的牛棚的时候,我们一定会感到震惊。那是假的,它在撒谎。18世纪以来的某一个阶段,不知为何,单纯的浪漫主义已经变成一个复杂的伦理命题。没有道德武器,我们的批评装备已不再完整。

一旦我们对之前的哥特时尚有了一些了解,草莓山庄就变成了一个非常重要的历史文献。我们对草莓山庄可能比对同时代的任何一座建筑都要了解得更多。我们有沃波尔本人对草莓山庄的详细描述;有数不清的参观者的描述;有18卷沃波尔的书信集;还有他本人的账本,这个账本已经发表,其中有170页对开页的注释;我们有草稿本,里面有草莓山庄最初的草图;[27]我们还有草莓山庄本身。[28]从这些丰富的材料中,我们应该能够知道沃波尔在多大程度上追随了时尚,而哪些特征真正是他本人的独创。简言之,他在多大程度上影响了,而不仅仅是体现了哥特复兴。

在《草莓山庄描述》的前言中,沃波尔称他的房子是"《奥特兰托城堡》的作者合适的居所,因为它的场景给了他灵感"。显而易见,草莓山庄时常扮演仿古遗迹的角色,激发了它的创作者的浪漫主义激情。楼梯间及墙上成套的盔甲是自我戏剧化的极佳道具(楼梯总是与戏剧场景相关),修道院的大厅,以及细瘦尖形窗户上一溜排开的圣人像,让踏进大厅的人肃然起敬。整个建筑有助于维持一种哥特式的忧郁情绪,假如作者意欲如此。但是,这种情绪非常稀有。当蒲柏去世时,沃波尔说诗歌亦随之消亡,他这样说不仅仅是因为他喜欢语不惊人死不休。他是一个真正的奥古斯都派,他痛恨

57

---

27  在沃波尔著名学者和收藏家 W. B. 埃文斯先生的收藏中。他将草图和其他大量关于草莓山庄的材料发表于《大都会博物馆研究》第5卷,1934—1936年。

28  草莓山庄经历了二次改建。一次改建在1856年至1862年间,卡林福德夫人为山庄新建了一个侧楼。另一次改建年代更近一些,它被改造成了一个罗马天主教的培训学校。但是,这两次改建都没有对原建筑做太多修改。

哥特诗人。[29]草莓山庄不是为了满足一种文学情绪而建的,它只是间接地反映了感伤哥特的时尚。沃波尔对庸俗哥特——我称之为洛可可——有更多认同,正是出于这一原因,他的房子带有当时流行时尚的色彩。

假如沃波尔从未遇见本特利,草莓山庄的洛可可成分会少很多。他们两人的会面应该发生在1752年,因为他们之间的首次信件往来出现在那一年的8月。在此之后的十年间,本特利是草莓山庄的总设计师。负责草莓山庄早期改造的罗宾逊先生仅仅是在执行他的设计。[30]理查德·本特利是这位大学者的第三个儿子。他在任何意义上都不能算一位扎实的人,他有一个异想天开的发明,将格雷的诗歌设计成最优雅的哥特洛可可纪念碑。沃波尔在讲述本特利时写道,"他绘制了草莓山庄图书馆的屋顶,设计了灯、楼梯、北正面,以及那里的大部分壁炉架和其他装饰",因此他在很大程度上对草莓山庄的特征负主要责任。本特利的全部设计都包含洛可可风格,比例合宜,设计也很成功。在灯具、"其他装饰",以及几件壁炉架上,本特利可以自由发挥,创造一些奇异的结构,只有训练有素的人才能认出它们是哥特式的。但是这一小范围的装饰技巧没有被采纳进大件作品中,在大件作品的设计中,他不能任意发挥。

沃波尔成立了一个他称为草莓山庄委员会的组织,由丘特、本特利和他本人组成。他们一起决定修改,挑选可供复制的原物,并审定设计方案。但是,他们的宗旨是有分歧的。丘特和沃波尔自命为考古学者,他们愿意仿照中世纪神龛制作壁炉,以此展现他们的哥特趣

58

---

29  参见沃波尔写给科尔的信,1765年3月9日。
30  威廉·罗宾逊是建筑工程委员会的建筑师。他曾经在丘特和沃波尔手下工作过,但并不如意。例如,他给早餐屋设计的壁炉架和窗户"不是真正的哥特"(参见《沃波尔选集》,第二卷,第421页)。他受雇于草莓山庄直到1773年。

味。本特利对哥特的运用则是因为这个词可以为他的任何荒诞发明开绿灯。有一段时间，这种安排很有效，因为本特利住在泽西，他无法干涉委员会的会议，而他的设计可以不加讨论地被否决，当然也少不了文字交锋。[31] 他们之间有过争吵，主要围绕着图书馆内的书架和大客厅里的黑色哥特式椅子。但因为本特利是委员会中唯一有设计能力的成员，假如他没有搬到特威克南的话，这种安排或许可以持续下去。本特利为人懒散，而且总是囊中羞涩，他的夫人令人无法容忍地愚钝。眼前的这些缺陷掩盖了他的才气，到1761年，本特利已经失宠。有一段时间，他的位置被邻居托马斯·皮特先生取代，皮特画的哥特颇具品位。但是大部分设计是丘特费尽心机从古籍中攫取而得，而沃波尔则事必躬亲，监督实施，不愿放过任何一个细节。[32]

本特利明显的18世纪式轻浮比丘特和沃波尔的考古努力更有吸引力，但在哥特复兴的历史中并没有那么重要。未来并不站在改编者一边，而更青睐学究。我相信沃波尔是哥特的第一个恩主，因为他坚持要仿效古迹。我们应当将他的复制品称为"诠释"。从达格代尔的《英国圣公会修道院》复制的作品只能算一种近似的再现，而且即使是使用了从原件描下来的草图，目的与材料的不同也会使抄件难以辨认。格雷认为荷尔拜因屋里的烟囱是抄自鲁昂大教堂的主祭坛，而沃波尔的记录则说它主要取自坎特伯雷大教堂瓦哈姆大主教的坟墓。由不同地点、不同时代取来的神龛、祭坛和坟墓的不同细部组成的壁炉，不可能被称作一件学究式的复制品。[33] 荷尔拜因屋的天花板也同样如此，"它是用拱形和回纹装饰，用五星

59

---

31 沃波尔在写信拒绝他的图书馆设计时说："这一次我们将你的天才交付委员会表决。像其他摄政者一样，我们将执行我们的计划而不在意我们的主权。"参见沃波尔写给本特利的信，1753年12月19日。
32 参见沃波尔写给孟塔古的信，1763年3月25日。
33 图书馆的壁炉也是类似的混合风格。

和四叶装饰作为分隔，接合处饰以玫瑰，所有装饰都用混凝纸浆做成"。这一切与哥特原件没有丝毫相似之处，但是博学而有鉴赏力的格雷却宣称它们是沃波尔全部创作中最有品位的。

沃波尔将考古研究用于哥特复兴建筑中，这虽然是一个创新，但他对这些研究成果的使用总是与当时的趣味相一致的。吸引他的仍然是哥特中的轻灵和优雅，虽然某个凹处无疑是从古代坟墓复制而来的，但是加上了镶金边的顶部玻璃装饰，[34] 完成的复制品已经趋向洛可可，与原件精神大相径庭，和本特利最任性的设计几乎异曲同工。

这种愚昧是可以原谅的。沃波尔之后的建筑师，更考究也更博学，但也犯石膏拱顶的错误。[35] 五十年之后人们才认识到，哥特风格的本质特性在于实际材料的应用。沃波尔背离哥特原件并非出于纯粹的无知。在《草莓山庄描述》的前言中，沃波尔告诉我们，他无意将草莓山庄建得完全哥特化因而忽略舒适或现代生活的改善带来的享受。格雷也支持这个合理的计划，"如果坚持除了祭坛和坟墓以外不用任何其他，这只是哥特主义的迂腐。这样做是无止境的。难道我们要只坐加冕椅吗？"他又说，"难道我们能指望住在仿古房子里的人只穿皱领和撑裙吗？"[36] 草莓山庄上最接近古代模型的哥特建筑是树林里的礼拜堂。这个礼拜堂是盖弗利建造的。此人是建造西敏寺的泥瓦匠领班，[37] 与哥特有一定的传承，属于稍晚的时代（1771），那时候人们已经开始对哥特有更深入的理解。但是这

60

---

34 参见画廊的描述。
35 例如，卡特，在米尔纳的礼拜堂，参见第128页。
36 参见格雷写给沃波尔的信，1761年11月13日。他在信中写他没能找到合适的哥特墙纸。参见《草莓山庄描述》，第39页及后面数页。
37 从大约1762年直到1812年他去世（享年92岁），他一直在这个位置上。他于1807年受雇修复亨利七世礼拜堂。

个礼拜堂更忠实于中世纪,大概与礼拜堂的设计不必考虑舒适和方便有关。我们也许能够得出这样的结论:沃波尔对哥特的了解比在草莓山庄中表现的更多。但是没有必要做这样的猜测,因为我们有沃波尔本人的陈述:"任何一个真正的哥特风格拥护者都能够看得出来,我的这些房间是想象力而非模仿的结果。"[38]

这些文字是沃波尔晚年写的。到那个时候,哥特趣味已经从少数几个怪人传播到时髦的乡绅大众。沃波尔作为浪漫主义无意识的传播者对哥特的扩散担负了主要责任。这么说有些牵强,因为他所做的不是将哥特大众化,而是将其贵族化。在1750年,对尖塔的热衷总是和暴发户相关,因此切斯特菲尔德可以将其撇在一旁。但是当品位高雅、受过良好教育的沃波尔开始建造哥特建筑时,社交界也跟着认为那里面一定有什么优点。沃克斯豪尔被抛在脑后,而住在草莓山庄附近的贵妇人,其数量之多如过江之鲫,纷纷将围墙挖出凹槽修成城垛,好像暴发户从未存在过。沃波尔提高了哥特的社会地位,这或许是他对哥特复兴做出的最大贡献。

但我们并不是说这是他唯一的贡献,虽然时常有人这样认为。前面我们看到沃波尔开创了复制古代模型的先例,下面一章的标题显示这一嗜好传播得多么广泛。在18世纪后半叶建造的哥特式乡村建筑中,城堡是浪漫主义的产物,这一类建筑完全没有受到沃波尔的影响。但是除去城堡之外的所有建筑,他必须负责任,至少负部分责任。沃波尔肯定不愿意承认这一责任。他一直痛恨木匠哥特式。"我希望在大部分现代住宅的门楣上写上'修缮和美化:朗吉莱和哈莱特,教会委员'。"[39]沃波尔晚年对哥特的审美和鉴赏变得

61

---

38 参见沃波尔写给贝瑞小姐的信,1794年10月。
39 参见沃波尔写给孟塔古的信,1763年4月13日。

越发苛刻,事实上过于苛刻了,甚至对于早期的草莓山庄也是如此。但是他不能否认整个房间的细部显然是复制了他的房子,例如阿伯里(1778)[40]和谢菲尔德庄园(1779)。他也不得不承认对中世纪精神必要的让步,那些仿造的礼拜堂或祈祷室,是他开了先河。《英格兰绘画轶事》的一章显示沃波尔对哥特的迷信成分的重视,他为此建造了带有天主教礼拜堂氛围的密室。有一阵沃波尔担心它过于艳俗,略带亵渎,但是祭坛上的摆设以及屋顶的彩绘玻璃(从那里洒下的亮光颇显教会的荣耀),是令人信服的天主教风格。当衰老的讷韦尔公爵被抬进密室时,他摘下了帽子。当发现自己看错了时,他说:"但这不是礼拜堂。"并且面露不悦。[41]但是,公爵的脱帽是有预见性的:现在人们在沃波尔的礼拜堂举行弥撒。[42]

在将伪宗教成分引入18世纪哥特方面,人们并不需要沃波尔的影响。中世纪整体上与罗马教会有着千丝万缕的联系。在英国,哥特建筑中的纪念性建筑几乎全部带有宗教色彩。草莓山庄是许多教会宅邸的先驱,但是我们无法将放山庄园的起源单一地追溯到沃波尔的小密室。

如果沃波尔真的曾使怀亚特的注意力转向哥特,那他和放山庄园的联系就变得更加重要了。但这方面的证据不够全面。我们知道他一直崇拜怀亚特,认为万神殿是英国最美丽的建筑。[43]当沃波尔的一位老朋友托马斯·巴雷特先生开始扩建他位于坎特伯雷附

62

---

40  但是阿伯里的哥特化始于1750年。很可能是效仿桑德松·米勒,后来在1760年代由亨利·基恩继续进行。

41  参见沃波尔写给曼的信,1763年4月30日。

42  草莓山庄现在是一所罗马天主教的培训学校。草莓山庄为此目的而被扩建,承建商是"普金和普金"。

43  参见沃波尔写给梅森的信,1773年7月29日。沃波尔的赞美动机可能不纯。沃波尔似乎打算雇用亚当,但是二人发生了口角。因此,他将过于夸张的赞美给了亚当的竞争对手。参见博尔顿的《詹姆斯·亚当与罗伯特·亚当作品集》。

近的住宅李修道院时，他雇来怀亚特，请他用哥特风格设计。沃波尔习惯于推荐怀亚特，他一定会乐见他最喜欢的建筑师尝试哥特。从他对扩建结果的欣喜可见，他应该确实在雇用怀亚特的决定中起了作用。他在信中写道："哥特部分非常标准。"[44] 他说起李修道院，俨然将其视为"草莓山庄的孩子，但是一个比父亲更漂亮的孩子"。[45] 然而无论多少种可能性也无法达到确定性。如果沃波尔真的把怀亚特变成了一个哥特派，那他的责任就重大得多了。[46]

63

　　草莓山庄有一种让人放下戒备的魅力。沃波尔说："它坐落于珐琅般的草坪上，周围是金银细丝般的篱墙。"在这样的环境中，有谁还会认真计较画廊里贴金属片的哥特风格？有谁会去挑剔荷尔拜因屋里用纸糊做的玫瑰装饰？谁还能硬起心肠打碎仿佛来自切尼维克斯夫人玩具店的玩物？"但是，让我拍打这只带金翅的昆虫"：对于我这样一个冷冰冰、没有幽默感的研究趣味史的学者来说，草莓山庄不仅是一个怪物，而且是一个恐怖的凶兆。

　　每一个时代都有蹩脚的艺术繁荣，但是蹩脚的艺术也有健康或不健康之分，草莓山庄的蹩脚带有一种特殊的凶兆。沃波尔的趣味似乎只在将要给19世纪的建筑带来灭顶之灾的那些东西中找到满足。他引入一种浪漫风格，但不同于文艺复兴借用古典风格，他没有自由发挥这种借来的风格，而是试图去复制它。如果说他的哥特比吉尔伯特·斯科特的更有哥特风格，那是因为他是一个拙劣的复制者，他让18世纪的感觉溜进了中世纪风格。更差劲的是，他似乎本能地抗拒使用正确的材料制作任何东西，[47] 草莓山庄到处都是可

44　参见沃波尔写给哈丁格的信，1785年。
45　参见沃波尔写给贝瑞小姐的信，1794年9月。
46　但是，他总是痛惜怀亚特对索尔兹伯里的修复工作。参见沃波尔写给R.高夫的信，1789年8月。
47　出于某种奇怪的原因，在古典建筑中使用人造材料会使他愤慨。参见他写给本特利的关于梅里沃思教堂的信，1752年。

以免去工匠劳动的新设备。这里有新墙纸，贴到墙上可以模仿灰泥的效果；这里有新的人造石头，建筑师可以预订他所需要的任何建筑局部。[48]那座房子里没有任何东西是简洁、自然和坚实的，没有任何地方能让工匠自主发挥。取替精良工艺的是怪诞。这个词涵盖了一切愚蠢而不必要的风格。沃波尔扼杀了工艺，直到后来的哥特复兴派才让工艺再次获得新生。

64

65

---

48　关于仿灰泥墙纸的最早记录是在 1751 年 2 月。参见《草莓山庄描述》，第 39 页及后面数页。

# 第四章

# 浪漫主义和考古学

起初，哥特建筑的新趣味不过是我们称为浪漫主义运动的观念大变更的征候而已。没人能给这个变更下定义，但是任何定义都必须指出：中世纪作为一种艺术和文学的理想取代了古典时期。[1] 因此，对哥特的欣赏是浪漫主义的基本表现，与同一个冲动所产生的其他表现形式紧密相连。我们很难探讨哥特复兴而不涉及浪漫主义运动的历史。这种困难随着浪漫主义运动力度的增强而加深。起初，对哥特的欣赏是浪漫主义最清晰的表征，[2] 浪漫主义的冲动在当时的文学中的表现只是凤毛麟角，将其一概归为哥特也不至于严重偏离主题。但是到18世纪末期，浪漫主义开始波及生活和艺术的每一个部门，而且在文学之中比在其他任何领域更甚，造成了一个激烈的动荡。这是继奥古斯都派的温吞水之后的一杯令人眩晕的诗歌，致使我们对浪漫主义的其他特征视而不见。浪漫主义从根本上变成了一场文学运动，而哥特趣味反而似乎成了这场运动中一个无足轻重的例子，而且离开大量文学典故就几乎不能理解。

66

　　虽然完全理解哥特复兴确实需要一些浪漫主义文学的知识，但是跳进这个充满争议的话题旋涡显然是不明智的。那会使这篇小文充斥着各种主义和学说，在各种定义和限制的重压下呻吟不已。为了打下一个深厚基础，我只会挖一个坑自己掉下去。所以，请允许我假定我的读者都具有关于浪漫主义运动的一般知识，而且我将

---

1　参见海涅关于浪漫派的定义："是中世纪诗情的复活，如在中世纪诗歌、绘画和建筑中，在艺术和生活中表现的那样。"

2　参见任何关于英国浪漫主义历史的章节标题。或参见哈费尔科恩的《18世纪英国诗歌中的哥特和废墟》。

仅限于讨论那些与哥特复兴有直接和专门联系的书籍。[3]

　　首先是一批出于我们在前两章中讨论过的那种冲动而写下的书籍，这种冲动便是对如画美的渴望。[4]对如画美的喜爱是哥特诗人情绪的放大，反映在仿古遗迹的建造上。从1740年到1760年的二十年间，德拉尼夫人的书信、孟塔古夫人的书信以及她的朋友圈子里经常提到那些狰狞的岩石和咆哮的湍流让他们欣喜若狂。这些景色都适合于"将想象提升到崇高的热情，或是使心灵柔软而充满诗意的忧郁"，而且是举办茶会的唯一场所。但是，关于如画美的第一部重要出版物是布朗先生的《凯西克信札》(1767)。[5]两年之后，格雷造访了湖区。他发现那里早已为艺术家们所捕获。当他的充满热情的游记发表于1775年之时，也不过是为一种早已风靡的时尚锦上添花而已。[6]从1776年到世纪末，先后出版过四部受人欢迎的湖区旅游指南，其中有一部再版过七次。[7]此外，大多数如画风景游记都要提到湖区。在众多的如画风景游客中我只需提到两位，亚瑟·杨格和吉尔平。虽然杨格的《游记》可以称为第一部如画风景旅行游记，[8]但是，这本书的初衷却只与经济有关。杨格曾写过一

67

---

3　这个限定让我作茧自缚，将浪漫主义的一个著名地标——奥西恩诗歌——排除在外。奥西恩诗歌出现于1760年到1763年，与本书关心的主题有表层的联系：它们都往回看，回溯到遥远的非古典的过去。但是奥西恩诗歌不是哥特的，也不是基督教的，而且不能唤起任何哥特纪念建筑的联想。正如沃尔波尔所见，它们在风格上更接近东方玄想，而与任何中世纪的东西无涉。奥西恩诗歌在欧洲大陆非常流行，而且对歌德产生过重要影响。奥西恩诗歌对夏多布里昂也有影响，并且经由他对复兴产生了模糊的影响。通过歌德，奥西恩诗歌对司各特有更加明确的影响。虽然如此，奥西恩诗歌不接近他这一方的浪漫主义，而更接近拜伦和拿破仑所代表的野性的、夸张的浪漫主义。

4　克里斯多夫·荷西先生可敬的《如画美》一书可惜出版略迟，让我不得先睹为快或在此引用。

5　这本书一定在很早以前就写出来了，在1756年之前。参见曼沃宁一章，第175页。曼沃宁小姐也在1761年6月的《英国杂志》上引用了正式出版的关于如画美的段落。

6　格雷本人提供了这种时尚的第一个实例。参见第34页。

7　哈钦森的《湖区漫游》(1776)，韦斯特的《湖区指南》(1778)(第7版，1799)，克拉克的《湖区一览》(1787)，及巴德沃斯的《湖区二周游》。

8　《南部郡游记》于1768年问世；《北部郡游记》于1770年出版。

篇论述肉用猪管理的论文。从他的游记中我们多少可以衡量时尚旅游的趋势。他可以在看完一块萝卜地之后转过头就开始感叹远方的景致，或者用三页纸去思考废墟带来的可怕的忧郁。在吉尔平的作品中，这种狂热达到了顶峰。在各种熟知的狂喜之上，他添加了一个风景绘画的术语，他的读者可以拿来在门外汉面前炫耀。他的文章广为人知。最终，这股潮流不堪自己成功的负荷，逐渐衰亡。微妙的与可怕的情感很难与粗鄙的人分享，而辛泰克斯博士[9]游记的出现表明如画美已经不再是上流社会的话题。

很容易看出这股狂热是与哥特复兴相关的。关于"如画美"一词的准确定义可能言人人殊，但是所有的人都同意，没有任何景致能比哥特建筑更加风景如画。野餐的人踏着多愁善感的旅游人的足迹去找寻哥特修道院的庇荫处，生活在18世纪最后二十五年间的许多年轻人都会对这些建筑保持一种酸甜的思念，在他们的一生中，哥特总会为他们留下一点诗意青春的馨香。

还有另一类书籍与我们的话题有更直接的关系。这类书籍追溯哥特一词以及它所涵盖的各种含义是怎样脱离"野蛮"或"疯狂"的同义词，进而与中世纪诗歌和骑士精神联系在一起的。这个转换过程也发生在1760年之前。如果说在格雷和沃顿的作品与下面我要讨论的书籍之间有任何间断的话，这种间断也是人为的，主要是由草莓山庄的干扰造成的。这种人为的干扰令人遗憾，因为我下面要讨论的第一位作者，赫德主教，是格雷圈子里的成员。赫德——"戴硬指手套的最后一人"——也许是那些无意识的浪漫主义者中最有意思的一个。他既是最"学究气的"，也是最革命的。他的《骑士精神与罗曼司信札》（1762）将哥特派和希腊派之间的战争打到敌

68

---

9　威廉·寇姆的《辛泰克斯博士寻找如画美游记》明显是讽刺吉尔平的。

人的地盘。他不但为哥特艺术争得一席地位,而且宣称作为诗歌题材,哥特风格优于古典风格。格雷和沃顿也会同意这样一个观点:"如果你用希腊规则衡量哥特建筑,看到的只有丑陋残缺。但是,当你用它自己的规则去考察的话,结果会大不一样。"不过他们要犹豫再三才会说哥特主义为诗人所提供的"场景和题材比希腊派简单而无止境的野蛮要美丽得多"。

赫德相信骑士精神和民谣的诗歌价值具有吸引力。他的这一信念很快得到了公众的认可。

1765年珀西的《英诗辑古》问世。这不是此类书籍的第一部,类似的民谣在18世纪早期也有流行。自从艾迪森赞助了《切维山狩猎》以后,至少又有两部中世纪民谣问世。[10]这些都为《英诗辑古》的到来造了声势。与许多中世纪艺术的先驱一样,珀西是一位纯粹的考古派。他喜欢老旧的东西,只因它们年代久远、离奇古雅。他对自己收集的民谣的美学价值没有信心,他"一直怀疑在文学发展的现阶段,这些民谣是否值得大众的注意"。[11]他实在不需要心存疑虑。《英诗辑古》获得了巨大成功,一年之内就需要再版。在18世纪余下的时间里,这本书多次重印。赫德的信不能用来解释其声誉,珀西的前言就更不能说明它的畅销。《英诗辑古》的成功和影响是大众趣味以自发而群龙无首的方式传播开来的明显例子。

这种对中世纪诗歌的普遍喜爱集中表现在一部感情强烈的诗集里,其作者的一生也成了早期浪漫主义的一种象征。《英诗辑古》问世之前,有一个名叫查特顿的男孩时常在雷德克利夫的圣玛丽旁

69

---

10 《古民谣集》,第一卷和第二卷出版于1723年,第三卷出版于1725年。另一部是艾伦·兰姆塞的《长青》(1724)。此外,还有流行的黄色歌谣集,例如德乌尔菲伊的《智与乐,或去除抑郁的灵丹妙药》,里面经常有古民谣。
11 参见他的序言的第一段。

边度过夏日时光,他脑中幻想着那里发生过的古代生活。从1767年到1770年,他创作了一批伪造的中世纪诗歌,这些诗歌在他离世后出版了,书名是《罗利诗篇》。[12]它们以"赝品"的形式发表,并不完全是出于有意欺骗,也不只是为了钱。查特顿对中世纪的感情之强烈使得他无法满足于中世纪的形式和题材,他必须亲自创作中世纪诗歌。

　　查特顿给了一派诗人以灵感,这个话题与本书无关,但是珀西的《英诗辑古》和其后出版的其他老歌集却对我们有重要影响,它们滋养了沃尔特·司各特的想象。伊斯特莱克甚至用了四页纸的篇幅讨论司各特爵士,他写道:"我们很难高估司各特的诗歌在促进中世纪建筑的民族趣味形成中的影响。"即使如此,我们还是容易高估司各特的诗歌本身的影响,伊斯特莱克就是这样做的。《马米恩》之所以投合大众的心意,是因为人们已经开始贪读每一册古诗歌集,其中也包括司各特本人的《苏格兰边区民谣》(1802)。司各特的这本诗集和他的其他仿民谣集在种类上不会和真正的民谣有多么大的区别。至于它是不是在范围上更广一些,则需要仔细研究才能确证。

　　当然,他的《威弗利小说系列》比他的诗歌重要得多,不仅因为它们更受欢迎,将哥特情绪传递到了每一个阶层的读者,还因为他的小说为读者的想象提供了更实在的营养。它们描写真正的历史事件,并将这些事件与对哥特建筑的清晰描绘联系在一起。伊斯特莱克虽然没有低估司各特小说的影响,[13]但是他评论说,司各特的无

---

12　由托马斯·蒂里特于1777年出版。

13　"被剥夺祖产的骑士的命运、单相思的可怜的丽贝卡、万吧的笑话、赤脚僧的伤感小曲,所有这些为哥特复兴做出的贡献比卡特和里克曼的所有努力都多。"参见《哥特复兴史》,第115页。

知"会使那些研究过英国古建筑实物及其结构美的人对他的描绘嗤之以鼻"。但是在中世纪的理解方面，司各特比先于他的那些哥特诗人和小说家可靠。因为，与格雷和沃顿一样，他把文学和考古结合在一起。正是司各特小说中丰富的考古细节使得他的中世纪图画描绘得令人满意，其影响远比那些无病呻吟的诗人要大得多。

虽然如此，他的小说系列的影响被夸大了。我们忘记了这个系列中最重要的作品问世很晚。《艾凡赫》出版于1819年，《修道院院长》和《修道院》出版于1820年，《伍德斯托克》出版于1826年。哥特考古的风靡先于这里最早的日期。这样一个枯燥的学科竟然能像《艾凡赫》那样受欢迎，简直不可思议。但是从我们自己的时代就可以知道有一些最艰深的学科会突然引起大众的关注。从1800年到1820年这段时间，一大批出版物显示哥特考古是一股狂热，像相对论[14]一样广泛传播，而且持续时间比相对论还长。在浪漫主义的全部文学衍生物中，考古狂热对于哥特复兴是最重要的。

对于生活在18世纪的人来说，中世纪就像一片雾蒙蒙的海，海上只能看到一个航标——诺曼征服。围绕着这个航标，哥特教堂像无舵的航船在海上漂荡。我们已经看到在这个极端无知的背景面前，格雷的博学和沃顿的苍白的注释闪耀着光芒。在很长一段时间里，他们一直在孤军奋战。虽然在1760年代曾有几位业余爱好者，例如丘特和杰宁汉，和至少一位专业建筑师，埃塞克斯，一直在研究哥特，但是这段时间没有任何研究成果问世，直到本汉姆的《伊利大教堂史》（1771）出版。两年以后，格罗斯的《英格兰和威尔士的古文物》开始陆续出版。最初的这类鸿篇巨制，还包括卡特的《古代雕塑与绘画样本》和高夫的《墓碑》，让我们想到图书馆书架最高层

71

---

14　在1949年，取代"相对论"的是"存在主义"。

落着厚厚一层灰尘的书本,把它们搬下来都需要耗费体力。这些书通常附有一个订书人的名单,这个名单告诉我们喜欢这些书的人都是有闲的贵族。我们可以肯定在1800年以前,喜欢哥特考古的人局限在一个小圈子内。此时我们难免要参考那个取之不尽用之不竭的宝库:《绅士杂志》。

从1780年开始,这本杂志开始逐渐改变,插图的主题开始从巨型蘑菇和希腊碑文让位给哥特建筑。在1783年卷,几乎每个月都有一篇关于哥特的文章。无须讳言,这些文章没有多少学术水平。在1782年10月这一期中,一个撰稿人写了一篇关于哥特起源的文章。他写道,在亨利三世之前,几乎没有这种风格的建筑,又写道,"巨大的仿造建筑拔地而起,势头持续了几个世纪,直到慢慢地融入现代哥特(现代哥特是对古代哥特的改进,大约在14世纪开始)"。这一论述很奇怪,因为亨利三世时代是从1216年到1272年,所谓"几个世纪"的古代哥特最多只能持续八十四年,最少不过二十八年。下面还有更奇怪的:在爱德华三世时代,"一股对希腊风格的复兴的喜爱占了上风,而现代哥特则继之而来,开花结果"。难怪接受了这些论述的大众对仿古遗迹也全盘接受。1790年之后,哥特建筑的插图和描述几乎出现在每一期杂志上,[15]或许这些文章的科学性略强一些。但它们依然是热情有余考古不足的典型例子。

上面引述的段落显示,在哥特复兴起步之前有必要做一些考古研究,并且应当原谅我们给了这个枯燥的题目这么多的关注。米尔纳的《温彻斯特历史》(1798)和本汉姆与威利斯的《英格兰的哥特

---

15 尽管在那一年的《绅士杂志》上有读者来信声称:"哥特建筑正在从考文垂以及整个王国的其他地方的时尚中迅速退却。"

和撒克逊建筑史》（1798）有一些考古的真才实学，但是这些书既是大部头又十分昂贵。涉及这个题目的第一部通俗读物出版于1800年，是关于哥特建筑历史的四篇论著的重印。这四篇论著的作者分别是沃顿、本汉姆、格罗斯和米尔纳，米尔纳写了前言。这本书印数巨大，掀起了考古的狂热。不幸的是，这种狂热不是针对建筑的非比寻常的热爱，而是司空见惯的看到有争议的事物就前来凑热闹的心理。

73

　　对中世纪古文物的研究引出两个有争议的问题：一是，尖券是从哪里来的？二是，采用它的建筑应当叫什么？克里斯多弗·雷恩爵士为这两个问题提供了正统答案。他把尖券称作哥特；他认为哥特是十字军从东方带回来的。这些观点为沃顿和本汉姆所接受。但是后来的哥特崇拜者对雷恩的观点显然不满意。米尔纳在他的《温彻斯特历史》一书中就对这两个观点提出了异议。他把哥特称作"尖状"，认为这种形式的券拱是受两个圆拱相交的启发而来的。雷恩和米尔纳的观点与沃顿和本汉姆的论文一起收入了我们上面提到的书中重新出版。

　　两种相互冲突的理论出现在同一本书中，看来其吸引力是不可抗拒的。不下一百个好事者撰写了关于哥特考古的小册子，都用类似的字句开篇："虽然我是争议的死敌，但是我有责任宣布。"布里顿收集了六十份类似的小册子，[16]除此之外还有更多，更别提发表于《考古学》、郡县地方志和各种杂志上的文章了。因为关于起源的问题更容易显示作者的博学，所以更受欢迎，而且衍生出了一系列离奇的新理论。尖券被追溯到树林里树枝的交叉、所罗门圣殿的形

---

16　布里顿的《古建筑》第五卷，第81页及以下。这一章中包含对布里顿的时代以前的哥特复兴的简述。

式、比撒列的创新、诺亚方舟倒置的龙骨。[17]

74 　　这些不可思议的理论都试图将哥特追溯到一个体面的起源，至少表现出了对哥特的崇拜（有谁能比诺亚方舟的设计者更值得尊重呢？）。当然，这些理论从未接近真理，[18]但是其中有一些不太张扬的理论显示出了有价值的研究的迹象。

　　关于术语的争议在复兴的进程中要贫瘠得多，影响也小得多。这个争议围绕着两个问题，第一个与各种中世纪风格的划分有关，第二个涉及"哥特"一词。第一个问题意义不大，我在这里提出这个问题是为了告诉那些有兴趣阅读关于哥特的早期书籍的读者，那些书里出现的词汇与我们的不同。撒克逊式可能包含尖券，至多与我们说的诺曼式是一个意思；他们用的诺曼式是我们的英国早期风格；他们的现代哥特则是我们的垂直式。幸运的是，里克曼的《英国建筑风格初探》（1819）一书中使用的术语几乎被普遍接受。到1820年，这个乏味的争议已经结束。

　　围绕哥特一词的争论更有趣一些。虽然哥特一词的身价在18世纪后半叶有所提高，但是它和野蛮的哥特人在词源上有联系，因
75 而摆脱不掉自身的污点。欣赏中世纪艺术的人认为这个词不但有误导性而且还有破坏性。他们根据各自的口味提出各种同义词。缺乏冒险精神的人建议用"尖状的"，自命不凡的人用"金雀花王朝的"，虔诚的人用"基督教的"，担任公职的和自作主张的人用"英国的"。

---

17　"所有能够想象的尖券形式都可以归纳成三种，无非是舟、船或诺亚方舟的倾斜的、垂直的和水平的部分。"参见罗利·拉塞尔斯的《哥特建筑的纹章学起源》，1820年。

18　最有可能的答案是由建筑师詹姆士·埃塞克斯于1770年给出的，但直到五十年后才发表。"他想象哥特建筑被引导，更确切地说是被驱使去使用尖券，因为他们习惯于建弓形的顶，而有时要给不规则的拱顶加盖。不规则是指非正方形，即一条边比另一条边更长一些。"肯尼克引自《考古学》，xvi.314,315。引文很可能来源于现存于大英博物馆的手稿。

事实证明，最后这个词的用法最受欢迎。民族情感（浪漫主义最具灾难性的后果）乐于为所有艺术形式都找到一个民族起源。拿破仑战争也为古文物爱好者省去了许多麻烦，人们不必为发现尖券在欧洲大陆早已存在而纠结。"英国的"一词被古文物研究协会采纳，而且也得到了喋喋不休的卡特的支持，最终得到了里克曼的确认。之后证实的尖券起源于法国[19]丝毫没有动摇英国古文物爱好者的信心，[20]而最终获胜的"哥特"一词至今仍然是一个词源学上的谜团。

有证据表明，哥特考古的狂热不仅局限于小册子。如果我们回到珍贵的《绅士杂志》，就会发现从1800年开始，每一期上都刊登有哥特建筑版画的重印和讨论，而1805年之后，几乎所有插图都是哥特建筑版画。杂志发表的文章显示出了类似的进展。此前的古文物研究都是一些不称职的人做的，但是自从1789年起，这项工作被托付给了卡特。卡特虽然荒唐，却代表了古文物研究对哥特建筑所提供的最好的服务。卡特是一位训练有素的建筑师，而且凭借他的《古代建筑样本》获得了一定的权威，但是他以激情而非学识著称，在谴责当时的修复方法时，他激情与学识并用。

卡特不是第一个这样做的人。怀亚特在索尔兹伯里的作品曾引起轩然大波，高夫曾写信给沃波尔请他出面抗议。《绅士杂志》[21]上刊登过有关的抗议信，米尔纳义愤填膺地写了一篇雄辩的论文，题目为《改变古代教堂的现代风格》。但是所有这些抗议与卡特无休止的鼓噪相比真是小巫见大巫。通过212篇文章，他充分展示了

---

19　这一说法最早是塞耶斯在他1805年的《伊利大教堂指南》中提出来的。惠廷顿在1811年重复了此一观点。考特曼和特纳的《诺曼底古建筑》（1822）是讨论欧洲大陆哥特建筑的第一部著作。

20　我们将看到关于议会大厦的争论，参见第142页。

21　虽然有一位署名为"古文物爱好者"的读者声称他认为没有理由保留一部分老墙及无用的装饰。

76　他暴烈的脾气，其激烈程度在宗教争议之外是绝无仅有的。实际上，他的文章读起来很有些神学味道，而且经常借助狂热的《圣经》风格。一个甚至能吞下奥西恩的时代都觉得卡特的语言难以下咽，他的狂暴过于刺激。一封1801年8月的《绅士杂志》读者来信这样写道："请允许我冒昧问一下，这里面有多少是希腊和哥特之间的争议？虽然我对双方充满敬意，而且全心全意地站在哥特一方，但我还是要提请各位不要忘记他们并不是在为上帝辩护，不是在抨击索齐尼教义的异端邪说。一个教堂赖以建造的原则与一个宗教得以被否定的教义完全是两码事。因此，当这些字眼——'卑鄙的''恶毒的''魔鬼般的''堕落的''非自然的'——出现在我们眼前时，我们想到的不是尖券，不是修补拙劣的屏风，而是堕落、抢劫和谋杀。"这封信的作者有先见之明，他的抗议随着时间的推移显得越发恰当，直到有一天他的夸张成了现实。[22]

　　但是显而易见，激烈的言辞是有必要的。那些伟大的哥特建筑已经被忽略了长达两个世纪，待到再一次成为兴趣的中心时，它们已经衰败。它们的再发现有两个结局：这些建筑或者被修复，或者被关闭，被彻底遗弃，以免它们倒塌对人类生命造成威胁。第一种结局当然更加具有灾难性，哪怕一座建筑真有倒塌的危险。情况往往是，修复做了，但实际上并不需要。这类修复被称作改进，而18世纪的哥特概念并不总是与实例相符。人们似乎觉得一定数量的浮

77　雕细工和一定数量的小尖顶是真正的哥特风格的基本要求。如果数量不够，修复时就要加上。没有装饰的表面，例如牛津学院里的那些建筑，被加上了神龛和带护篷的壁龛。[23]巴斯修道院的塔楼被

---

22　选择索齐尼异端邪说做例子证明他特别高兴，参见第206页。

23　这显然来自旧印刷品。例如，在大学学院有两个带护篷的壁龛，里面摆着圣徒，被安装在礼拜堂入口处的两侧。现在已经拆除。

装上小尖塔。在比较富足、比较开化的教区，修复工作从1780年代就已经开始。当卡特开始给《绅士杂志》投稿时，修复运动正方兴未艾。而怀亚特是这个运动的主将。

"教唆吧，你们这些心灵的骗子"，[24]卡特在一篇文章中写道，仿佛是说他自己。在将近二十年间，他的文章一直教唆着。教唆着乡村教区牧师将侧堂的垃圾清除掉；教唆着主持牧师和教士会着手雄心勃勃的改进计划；教唆着每一个人思考如何修复，除了怀亚特之外。无疑，他的文章有助于防止疏忽，而且有明显的证据显示1817年卡特去世时，教堂都得到更好的维护。早在1820年之前，本地的热心人和有教养的牧师就已经开始刮除白色涂料，清除圣坛的垃圾。1825年出现一个小册子，攻击随意的修复。这篇文章为后来普金有争议的方法和卡姆登学会的态度做了铺垫。这个小册子[25]给教会委员提出了建议，并示范如何用最好的方法玷污和丑化他们的教堂。例如，"一个非常美丽的，我们称为全正面的小教堂，可以巧妙地安装到位，使得圣坛的一扇窗户变成教堂的入口，同时保留券拱的一部分，与小教堂形成适当的对比"。12页彩色插图展示了一座哥特教堂，每个角落都有红砖的小教堂和门廊，窗户上有黄色护窗板，巨大的黑色烟囱与山墙和塔楼并排。但是在那个时代，希望改进的冲动如此强烈，任何劝说都无法阻止。布里顿知足地写道："我们的绅士和牧师不去破坏前人那些珍贵而有趣的作品，而是去修复、保护和装饰我们古老的教堂。"[26]在哥特复兴的全过程中，他们就这样不加限制地继续他们的工作，尽管总要对他们的前任所做的

78

---

24 《绅士杂志》，1801年3月。
25 题目是《给教会委员的建议——包括如何修复和改进教区教堂的插图》。我没能找到它的作者。
26 《绅士杂志》，1818年。

修复表示惋惜。

　　还有因古文物研究的狂热而问世的另一类图书，这类书对复兴具有真正重要的意义，其中包含有用的哥特建筑插图。我们知道这类样本和实例书籍在18世纪已经出现，但是这类书过于昂贵，使用的人极少，因此没能形成影响。通过大批量廉价地出版哥特建筑版画使之广为传播的人是约翰·布里顿。布里顿不是考古学者，对建筑也没有天然的兴趣，[27]但是他拥有一个伟大报纸创办人所具有的一切天才素质——刻苦、坚韧、感知时尚变化的良好本能，以及毫无顾忌地运用这一本能的决心。在尝试了各种有失体面的行业之后，他出版了一本《威尔特郡美景》（1800），这次他成功了。布里顿乘胜追击，又出版了名为"英格兰美景"的系列丛书，一直持续出版到1816年。但是在1805年，布里顿预感到时尚正在抛弃"美景系列"，转而欣赏更具实际意义的考古，于是他又出版了一个新系列丛书，叫作"大英帝国古建筑"。这套丛书每年出版四册，共出版了四十册。当1814年这套书出版结束后，[28]他又开始了另一个系列，叫作"古教堂"，几乎一年出版一册，一直出到1835年。布里顿堪称实至名归。他的文章煞费苦心；他的插图，特别是麦肯齐和勒克斯制作的，其准确性和细节都是超越前人的。布里顿的丛书虽然是商业出版物，但它们不仅仅是为了满足一种狂热。它们给有教养的普通人普及了一个比以往更真实的哥特形式的概念。这些丛书面世以后，以往那些关于哥特的异想天开就再也没有市场了。布里顿让废墟和洛可可寿终正寝了。

　　布里顿的"古建筑"丛书面向业余爱好者，普金和威尔逊的《哥

79

---

27　这明显出自他的《自传》，带着一个百万富翁的自负。

28　一个补充卷，作为第五卷出版于1818年。但这一卷与前四卷的布局无关，包含直到那个时期的哥特复兴的简述。读完本书仍然对细节感兴趣的读者可以继续读这一本。

特建筑样本》则是为职业建筑师所写。早些时候的关于样本的书主要关注哥特的崇高和如画效果，不过分注意细节的准确性。普金的书里，每一个叶形饰的制作和每一个复制的几何图形卷叶饰和叶尖饰都有专门的章节介绍。从那时起，沃波尔梦寐以求的正确的哥特终于有望成为现实了。

　　一种过气的时尚很难被论证得让人信服和接受。但是，我必须请读者相信哥特考古曾是一门通俗学科，而且我已经讨论过的几本书在发表于1820年前的众多出版物中是有代表性的。这并不是说哥特考古的热潮在那一年停止了，恰恰相反，关于哥特的书有增无减。但是，用1820年作为分界——《修道院院长》和《修道院》在这一年出版——我们很容易看到司各特的影响实在是被高估了。如果我们转向建于1820年之前的哥特建筑，就会看到哥特建筑在多大程度上是从整个浪漫主义运动脱胎而来的。在大部分情况下，是艺术家引导大众转变了审美趣味，但在哥特复兴的早期，建筑家没有产生任何影响。没有任何建筑能力的文学界人士开始提出对哥特的需求，而满足这一需求的主要是业余爱好者。当职业建筑师开始使用哥特风格时，他们完全是听从雇主的调遣。但是纯粹的建筑动机以某种方式影响了复兴，并且至少有一位建筑师是出于理念而选择哥特风格的。

　　到1760年，严格而保守的伯灵顿古典派已经渐渐变得沉闷，不可避免地会有某些建筑方面的反作用力。这股反作用力的领袖人物是亚当兄弟。尽管我们不能将他们做工讲究的古希腊建筑艺术与哥特复兴相提并论，但是我们可以看出二者都是对沉闷的形式主义的反叛，都是希冀一种更轻快、更多样化的风格。我们可以将二

80

者做一个广义的区分：一个是建筑的，另一个是文学的。但是，古希腊建筑艺术的复兴没有脱离文学联想，而哥特形式给看腻了帕拉第奥的单调的人带来了某种满足。当然，18世纪的哥特作为建筑几乎没有形式上的吸引力。但是我们必须记住，人们会把一个好的形式变成一个坏的形式，这种改变可以没有任何其他动机，就只是为了改变而改变。

詹姆士·埃塞克斯是对哥特表现出天然的喜爱的唯一一位重要的职业建筑师。这个论断可能并不十分确切，但是我们第一次听说埃塞克斯是他于1757年给本汉姆的《伊利大教堂史》画了插图，我们不清楚是因为他研究过哥特所以本汉姆雇用了他，还是说这个差事给了他研究哥特的机会。他一生中大部分时间都在伊利、林肯和温彻斯特从事修复工作。在工作过程中，他显然掌握了中世纪艺术的法则，那些独创性的作品表现出了超前意识。他是第一个严肃对待哥特的职业建筑师。如果有一天人们细致地研究哥特复兴，就会发现埃塞克斯是英国建筑史上的一位重要人物。[29]

梳理完这些纯粹的建筑方面的影响之后，我们可以信心十足地回到主要的冲动即浪漫主义了。我已经提到过自我戏剧化对趣味史的影响，其中有关废墟的论述同样适用于1790年代的城堡和教堂，而且是有过之而无不及。这种感觉对我们来说应该是容易理解的，出于一种令人费解的时尚变迁，我们将18世纪浪漫化，就像18世纪将中世纪浪漫化一样。我们坐在18世纪的客厅里的感受与从前那些业余文学爱好者待在他们的石膏小礼拜堂中的感受如出一辙。

这种对戏剧化场景的偏好导致一种奇怪的、我认为是前所未有

81

---

29　古德哈特—伦德尔先生建议我去掉这句话，但我还是保留了，因为据我所知，至今无人研究詹姆士·埃塞克斯。这可能是一个有价值的课题。另外一位使用哥特的职业建筑师是亨利·基恩，参见《乡村生活》，1945年3月和4月。

的情况。接近18世纪末有一批建筑师很受人尊重,其中有些很有才
气,他们都用古典风格,并且认为古典风格是任何严肃的建筑唯一
可选的风格。但是他们的雇主却沉醉于浪漫主义,[30]以至于他们当
中的每一位,在不同时期都不得不选用一种自己不喜欢、讨厌或者
一无所知的风格。

可想而知,这些建筑师不得不牺牲自己的信念而屈从于时尚,
反过来影响到了他们的成就。似乎只有一座仿古城堡是钱伯斯设
计的,有极少数是亚当设计的,[31]丹斯设计的稍多一些,斯莫克的更
多,而纳什,那个无耻的赶时髦的家伙,完全是按照雇主的心愿为他
们设计哥特式的建筑。因为对这类建筑的任何详细的讨论都会减
缓本书的进程,我提请读者参考伊斯特莱克,他记录了不下25个主
要大区的哥特式建筑。他列出的建筑显示,明显有两大类不同的建
筑,我们可以称为温莎类和放山庄园类,很难说哪一类里包含了更
多的蹩脚建筑。温莎类似乎更有道理。公爵似乎应该住在带城垛
的城堡里,阿伦德尔城堡、威尔顿城堡、贝尔沃城堡,以及诺斯利庄
园都有家世渊源,这些实例都好理解。这些城堡与它们的原型温莎
城堡一样,都建造在了恰当的地方,融为风景的一部分,从远处看甚
至显得古老。放山庄园类的建筑更显冒险精神,也更滑稽。放山庄
园本身在当时一定是最令人激动的建筑。甚至伊顿庄园[32]在体积和
尖塔方面也可以和米兰大教堂相媲美,其奢华程度让贝尔沃城堡相
形见绌。

---

30  查尔斯·米尔斯爵士是其中之一,他甚至在帕拉蒂尼山建了一座哥特庄园,这是一个时尚
    战胜环境的实例,令人震惊。

31  亚当在年轻时曾按比例临摹过温彻斯特的奶油十字亭,但他在成年后没有表现出任何对哥
    特的喜爱。

32  最初的建筑出自 W. 泊登,后来由瓦特豪斯于1870年整个重新装修,如今已没有任何惊人
    之处。

　　在这些采用哥特风格的古典建筑家当中，只有一位值得单独研究，那便是詹姆斯·怀亚特。他与众不同。虽然他的第一批建筑（按照我们的口味，也是他最好的建筑）是古典风格的，但是他无疑是真心喜爱哥特风格的。沃波尔怀着一种热烈的心情写道，真遗憾威克姆的威廉已不在世，不能雇用怀亚特先生了。这句话听起来荒唐，其实不然。与范布勒一样，怀亚特基本上是一位浪漫建筑师，也只有他欣赏范布勒的建筑。他的强项不在细节，而是在戏剧效果上，他的想象力的自由发挥不是在花环或贝壳浮雕上，而是在塔楼和城垛上。如果哥特是他所在时代的自然语言，怀亚特会成为一位更伟大的建筑家。但当时缺乏这种自然环境，他只好利用巴洛克传统。他甚至可以像范布勒一样找到某种途径将古典主题应用到他的哥特想象中，但是很不幸，他受到了哥特复兴的蛊惑。在这种环境下，他的失败是不可避免的。

　　詹姆斯·怀亚特生于1746年，父亲是伯顿的木材商。在十四岁那年，他被送去罗马学习。从罗马回来后不久，他被雇用重建牛津街的万神殿，这件作品获得了极大的成功。从1772年往后，怀亚特主要是采用古典风格。我们不知道是什么促使怀亚特将注意力转向哥特。前面已经说过，我对沃波尔在其中发挥的作用存疑。通行的说法是，沃波尔劝说自己的朋友巴雷特雇用怀亚特将他的房子哥特化，位于李修道院的房子注明是1782年建成的。但是没有绝对的证据证明这个时间的准确性，[33] 我们知道沃波尔直到1785年才见到李修道院的图纸，直到1788年才去参观，而关于这座建筑的最早的描述是在1790年。我认为，如果沃波尔果真推荐了怀亚特，很难想象巴雷特会在房子建成三年之后才将图纸送给沃波尔。我们可

83

---

33　我未能追溯到比布里顿的《古建筑》第五卷第80页更早的出处。布里顿没有提供证明。

以肯定的是，怀亚特是在1782年开始他在索尔兹伯里的工作的，在我们得到李修道院更确定的日期之前，只能假定他的第一次哥特经验是在索尔兹伯里大教堂获得的。

　　从1780年开始，怀亚特的作品如泉涌，俱乐部、校园、宅邸、城堡、教堂，接二连三。他还受雇做修复工作，从1796年开始，他被任命为工程委员会的总勘测师。显然，没有人能独力完成这么多项工作，因此我们不得不假设怀亚特与鲁本斯一样，只是打了初稿、做了最后的修饰，而将其他苦力都交给学生去做。即使如此，他的产出仍然是巨大的。他穿梭于一个工地与另一个工地，经常在起伏的道路上颠簸的马车里画草图。1813年的某一天，他的马车倾覆，怀亚特死于休克。伊斯特莱克说："从此，哥特复兴的新时代露出了曙光。"

　　显然这个陈述并不真实，伊斯特莱克本人大概也不认为应该按字面去理解。他仅仅是利用这样一个发声的机会表达对怀亚特的惯有的蔑视。在死后不到二十年的时间里，怀亚特已经被看作哥特复兴的妖魔。直到今天，他一直占据着这个妖魔的地位，同奥利弗·克伦威尔平分秋色。普金说："粗鄙、狡诈和无耻，所有这些形容词都包含在怀亚特这个词中。"[34]任何崇拜都需要一个罪魁，但是既然哥特复兴现在已经失去一些宗教色彩，这时候质疑怀亚特的罪魁地位也就显得不那么亵渎了。

84

　　前面说过，1780年后人们开始注意到老哥特建筑正在倒塌。在所有那些试图将它们撑起或者重建的人当中，我们只熟悉怀亚特一个人的名字。像莫瑞里之前的艺术批评大师一样，怀亚特的名字覆盖了那些甚至不在他有生之年完成的作品。这里不是讨论怀亚特

---

34　参见B.费瑞的《A.韦尔比·普金往事》，第80页。

的修复工作的地方，但是如果他值得研究，那么我们必须回答下列问题：第一，他修复了哪些教堂？对怀亚特的攻击通常包括一系列他毁掉的建筑，但是这个单子各不相同，而且这些攻击非常感情用事，很少有实例或者细节。第二，在那些有确证是他修复的教堂中，他具体做了哪些修复工作？[35] 第三，我们或许应当研究他在晚年所做的修复。那时候他不再受到教堂教士会的权威的限制。他在亨利七世礼拜堂所做的工作非常称职而认真，与任何现代修复工作相比都毫不逊色。最后，我们或许应当记住魔鬼的经典辩护：所有的书都是上帝写的。我们不清楚来自怀亚特一方的故事，但是我们有一封来自沃波尔的信，这封信暗示怀亚特不赞成在索尔兹伯里所做的拆除。[36] 我们有怀亚特本人的声明：他为在伯纳姆做的修复工作感到痛惜，并且不负其责。而且我们知道，他对任何哥特建筑的拆除都很关注。[37]

85

这些调查不会洗净怀亚特的全部污点。但是，如果我们不再坚持认为他是为了破坏而破坏，并且将我们的研究集中于那些我们能够确定是他所做的修复，那么我们或许能够发现他的修复工作的真正动机。

在怀亚特的时代，哥特被认为本质上是如画的，怀亚特本人又是一位场景艺术家。他相信哥特应当具有一种突如其来、无法抗拒的、强烈的感情效果，而直视无碍的景色最能取得这种效果。在索尔兹伯里大教堂，这种效果被唱诗班围屏和墓地的不整洁的布置所影响。因此，他将围屏迁移到侧堂，将墓地安置在中殿墩拱之间，与

---

35 索尔兹伯里的一位寺庙杂役曾对我说："我们都说这里的任何修复工作都是怀亚特干的，但我知道那些（他手指着各种修复）是很晚才修复的。"

36 参见沃波尔写给 R. 高夫的信，1789 年。

37 参见《法林顿日记》。

放山庄园西北观

取自卢特《放山庄园图谱》

西大厅

取自卢特的《放山庄园图谱》

中殿平行。[38]在他之后，围屏被替换，中殿摆满了椅子，使我们无法评判怀亚特的设计是否成功。我们也无法先验地谴责他的设计，即使这种惯常的做法与我们对哥特的看法是背道而驰的，因为我们对建筑的观点是建立在时间的积累之上的。但至少有一点是肯定的，假如我们应邀在怀亚特和伊斯特莱克的同代人之间做一个选择，我们不应犹豫：怀亚特改变了古建筑的内部安排以达到一种更佳的视觉效果；伊斯特莱克的同代人则将古建筑推倒重建成一种更纯粹、更正确的哥特建筑。

　　怀亚特在索尔兹伯里梦寐以求的景观效果，在放山庄园得以实现。那座奇妙的建筑集中了1790年代浪漫主义的全部理念，是18世纪哥特的登峰造极之作。今天它已不复存在，我们几乎找不到它的一块石头，但是我认为我们不必为此而悲哀。放山庄园永远是我们想象力的向往，永远是个一千零一夜的梦境。同时代人见过高耸入云的塔楼在远方升起，被包围在8英里长12英尺高的墙内。他们真的相信可以驾着一辆六匹马拉的马车毫不费力地从塔基一直驶向塔尖再返回。这才是观赏放山庄园的正确方法，而不是穿过12英尺的高墙。或许我们应该感到欣慰的是，我们主要是从浪漫的插图中了解放山庄园的。当然，我们还有更平淡的证据——设计图、立视图和测量数据。[39]此外，怀亚特的几乎有着同样风格和同样规模的艾什里奇仍然矗立着。[40]在这些事实基础上，我们可以任由我们的想象驰骋。

86

---

38　他没有拆除唱诗班席，这简直是个奇迹。参见《绅士杂志》1782年关于圣坛的评论："用这种毫无造型美的把戏凑合，把整个视野都破坏了，统一性也被打乱了。"

39　最好的描述是：约翰·卢特的《放山庄园和放山修道院图谱》、J. 布里顿的《威尔特郡放山修道院插图（图绘与文字）》和詹姆斯·斯托勒的《放山修道院描述》。

40　为布里奇沃特伯爵而建。1806年由怀亚特开始，由他的外甥杰弗里·亚特维尔爵士于1813年到1817年建成。大部分工作应该是亚特维尔完成的。参见《英国家居》，第六阶段，第一卷，第339页。

　　放山庄园起源于一个废墟。威廉·贝克福德从小就痛恨父亲古典风格的宅邸。其庄重适合于一位年迈的都市市长，但对于他儿子的奥西恩情怀却显得不合适。威廉·贝克福德厌烦其庄重的虚荣，感到受其压抑，于是经常浪迹于潮湿阴暗的树林，自喻为欧塞瓦的丹尼，一个充满野性、多愁善感的行吟诗人。这种超强的自我戏剧化的力量需要一座非常庞大而复杂的废墟。1796 年，贝克福德请来怀亚特为他设计一座修道院废墟，只让其中的礼拜堂大厅、宿舍和部分回廊完好无损。据说怀亚特的设计别致、恰当，而且易于理解，却并没有让狂妄自大的贝克福德满意。在随后的数年里，一个大厢房和一个八边形的塔楼又被加入到设计里，尽管整个地方比一个巨大的夏季住所大不了许多。1807 年，贝克福德决定将修道院当作自己的永久居所，但这个建筑不是为居住而设计的，可以说是最不方便居住的建筑。它包括一个高 276 英尺的八边形塔楼，其中大厅高达 120 英尺。在这个南北向结构的两侧是两个侧楼，400 英尺长，25 英尺宽。这两个东西向的侧楼是普通的比例，虽然西厅足以令人吃惊。[41] 这个设计已经被多次指出根本不是哥特风格，它远非为了方便而建造，它有一种古怪的对称，属于典型的无聊的 18 世纪晚期的风格。[42] 艾什里奇的埃佛瑞·迪平先生[43]写道："仔细观察就会辨认出它的形式和轮廓都不是中世纪的，而是穿着金雀花王朝时期服饰的乔治王朝的身体。"这段话也同样适用于怀亚特早期的建筑。即使从远处观看，这也像一座 18 世纪的古典建筑，其形式和轮廓从未在古罗马建筑上使用过，更像乔治时代的身体穿着古罗马的宽大长袍。成功的风格借用者只提取有效的东西，而晚期哥特复兴

---

41　参见第 97 页的插图。这些描述没有给出放山修道院的实际尺寸，有尺寸的描述也各不相同。

42　例如，比较萨福克郡的艾克沃斯宫的平面设计图。参见《英国家居》，第六卷，第 321 页。

43　见上，第 339 页。

派从考古的角度而非建筑的角度借用，他们追求的是正确性而不是效用，这并不是一种美德。放山庄园必须从效用的角度去评判。

依据出版物来判断，放山庄园有两个使其偏离效果的错误：细节不对，而且看上去不牢固。其中一些细节可能是从艾什里奇那里得来的，但艾什里奇的细节很可能更好一些，因为这两座建筑相隔了十年。其间怀亚特修复了亨利七世的礼拜堂，他雇用了许多助手，这些助手到全国各地临摹哥特装饰供他复制。至于不牢固，当然放山庄园实际比看上去还要不牢固。史学家总爱喋喋不休地讨论这座巨大建筑的建造速度。整个村子的民工——经常是五六百人——在施工现场安营扎寨，甚至寒冬也不能阻挡百万富翁贝克福德的急切心情。民工升起巨大的篝火，施工在上冻的夜晚照常进行。在这种情况下，显而易见，怀亚特对建筑过程不可能事必躬亲；包工头也不可能不趁机偷工减料。整个建筑的不牢固直到贝克福德将房子卖给一个叫约翰·法考尔先生的怪人之后才真相大白。贝克福德被叫去听一位临终人的忏悔，此人是放山庄园工地的管理员。他承认虽然设计里明文规定中心塔楼下要造坚固的地基，而且费用已经支付，他却没有建造。他说，房子能坚持这么久而不倒塌实在是一个奇迹。贝克福德立即转告了法考尔先生，后者回答房子在他有生之年估计不会倒塌。但是他估计错了。1825年的一个夜晚，塔楼无声无息地下陷。现在，这个巨大的结构已经荡然无存。

对于放山庄园最终的彻底倒塌，怀亚特不应受到指责。但是如果放山庄园至今矗立不倒，它看上去总是纤弱而不牢固的。怀亚特对哥特建筑方法的无知不可避免地否定了其总体效果，放山庄园最多只能被看作是舞台布景。

88

作为景观，它是一流的。18世纪要求哥特具备的全部要素它都拥有——辽阔的视野、无穷的高度、崇高感，一言以蔽之。这些要素不但都在，而且比真正的中世纪建筑还要奢侈。就连我们这样崇尚古典主义的一代，面对这种突发的浪漫主义的华彩也不可能完全无动于衷。我们内心十分清楚，这个虚有其表的塔楼不过是一个华而不实的东西，但是它突如其来的冲击还是将我们的判断力扫荡一空，就像柏辽兹突然把我们冲离海顿一样；就像埃尔·格列柯的托莱多噩梦般的景象迷惑我们的眼睛，使我们背离明智的普桑。

对于那些把怀亚特视为破坏者的人来说，放山庄园所表现出来的想象力是一个谜。一个只会赶时髦的建筑家、一个破坏了伯纳姆外观的、和乔治三世鬼混的人，怎么会想象出那样一个令人陶醉的结构呢？他们说，答案在怀亚特的雇主身上，因为放山庄园立即让人想起阴郁而富有魅力的威廉·贝克福德。

像拜伦和邓南遮那样精力充沛、没有诚信的骗子，对于那些喜欢做白日梦、需要刺激的人具有永恒的吸引力；而神话总是围绕着那些非常富有的人。贝克福德二者兼具，被他迷惑的史学家把他视为对哥特复兴产生了重大影响的人物。这种观点在贝克福德尚在世时就有人提出，贝克福德则不以为然。他说："别这样。要我负责的罪孽实在太多，别再把这个加在我的头上。"这是一个典型的回答。当然，即使贝克福德有心设计放山庄园，他也不可能做到。他对建筑既无专业知识也无丝毫兴趣，他对放山庄园的建造的唯一影响是他没有耐心加固基础而使其摇摇欲坠。我甚至没有找到任何说明贝克福德对中世纪艺术有兴趣的证据。他的收藏中包括一些15世纪的绘画精品，但是曼特尼亚和贝利尼在精神上并不属于中世

纪。而且在贝克福德之前的时代，收藏家已经开始购买14世纪的真
正的中世纪绘画。这些人不局限于专业学者，诸如法国人阿金古和
德·孟托。一个随意的收藏家，例如那个18世纪的怪人弗雷德里
克·赫维，会购买"契马布埃、乔托、锡耶纳的圭多、锡耶纳的马克，
以及所有那些绘画老学究。这些画似乎显示了艺术在其复活当口
的进步"。[44]这些都在贝克福德的时代之前。贝克福德与那些不幸
被他雇来帮他买书和绘画的人的信件往来偶尔会提到手稿和早期
出版的书，但是约翰逊早在五十年前就已经嘲笑过那些倒霉的收藏
家了。[45]总的来说，贝克福德的口味与他的时代一致，尽管他知识广
博、嗅觉灵敏，这在他那个年代是很少见的。

    贝克福德在霍勒斯·沃波尔买下草莓山庄将近五十年之后建
成了放山庄园，他对哥特的感受自然比他的前辈有所进步。他不再
认为哥特是洛可可的一种形式。他是一个彻头彻尾的浪漫主义者，
而沃波尔则有一个奥古斯都的内核。他不具备沃波尔那种老处女
般的学究气，但是他有无所畏惧的想象力。贝克福德蔑视沃波尔，
称草莓山庄是一个"哥特式捕鼠器"。但或许是由于沃波尔的局限
性，他对中世纪艺术具有更持之以恒且真心实意的兴趣。在建造放
山庄园之前，贝克福德已经在东方房屋中满足了自己的想象。卖掉
那个地方之后，他隐退巴斯，又在那里为自己建了一座异想天开的
居所，但是这一次用的是古典风格。[46]这种变化说明贝克福德并非

90

---

44 参见《英国家居》，第六阶段，第一卷，第333页。赫维远非收集意大利文艺复兴早期艺术
    家作品的第一位英国人。阿尔托·德·孟托在描述他的14世纪和15世纪早期绘画收藏时
    说，其中很多是来自一位生活在佛罗伦萨的英国人六十多年前的收藏。当德·孟托于1808
    年发表了他的描述时，这位形象模糊的英国人应该差不多是在沃波尔去佛罗伦萨那段时间
    里四处收集绘画。
45 参见《漫游者》1751年11月26日，第177页。
46 指兰斯多恩塔。"古典"一词是为了与"哥特"或东方相区别。兰斯多恩塔的内部装饰应该
    被称为维多利亚风格。

一个中世纪的忠实信徒，相反，这种变化说明他是把哥特当作一种最能营造浪漫主义氛围的环境，一种能满足他的戏剧感的异国情调的形式，一种能满足他的自尊的怪诞。

　　如果说贝克福德在哥特复兴中占有一席之地，那是因为他是怀亚特的雇主。他的为人比李修道院的巴雷特先生或者布里奇沃特伯爵更有趣。但是，他在哥特复兴中的重要性之所以比这些人高，是因为他为放山庄园罩上了一层神秘色彩，使之成为哥特风格的一帧绝妙的广告。[47]

91

---

47　这一章的结尾本该用来讨论托马斯·里克曼，而不是像现在这样戏剧化地结束。我已经对他的考古研究有所涉及。他的浪漫主义情绪可以在1827年设计的剑桥的圣约翰学院的新建筑中看到。这些建筑虽然从本质上说是沿袭了艾什里奇的做法，但是比艾什里奇更显博学。参见马库斯·惠芬在《建筑评论》第98期（1945年12月）第160页的文章。

第五章

# 教堂

放山庄园和温莎城堡都诞生于一种冲动，与催生了拿破仑古典主义的冲动类似，两者都是对以往生活方式的理想化。但是，哥特复兴没有长期保持其早期的令人振奋的浪漫主义；它很快就对自己无忧无虑、浮华的青春期感到耻辱，因为沃波尔浅尝辄止而贝克福德全身心投入其中的溪流是为了冲刷掉英国教会的罪愆。当哥特被应用于教会建筑时，某种模糊的浪漫情绪已经开始转变为一种具体的宗教情绪。

虽然许多哥特式修复在18世纪被付诸实施，但在当时，几乎没有整座教堂是用哥特风格建造的。1753年，沃波尔注意到桑德松·米勒在沃克斯顿的教堂，"簇新，但相当漂亮的哥特风格，有一扇染色玻璃长窗，绝对说得过去。"[1]塔楼的哥特风格恰到好处，朴素而坚实。在哈特韦尔有一座建于1753—1755年间的哥特式教堂。1754年，泰特伯里的教区居民决定推倒他们窄小而局促的教堂，代之以一座具有"最正式、最优雅的哥特风格的教堂"。建筑工程被委托给了弗朗西斯·海恩纳。此人是华威的一个建筑家族的成员，他执行了桑德松·米勒的设计，或许海恩纳就是从米勒那里学会了哥特风格。泰特伯里的建造始于1777年，这座教堂不乏特色，是之后五十年间典型的教会哥特风格。在18世纪的转变中，哥特教堂变得非常瘦长、优雅，同时也非常不牢固。我们仿佛觉得泰特伯里可以一推就倒。它在当时饱受赞誉，海恩纳受雇建造其他哥特教堂，然而我只能追踪到其中的一座：位于斯通尼斯特拉福的这座教堂于

92

---

1　参见沃波尔写给丘特的信，1753年8月4日。

1800年受到卡特的尽情奚落。[2]在1780年，他递交了位于华威的圣尼古拉斯大教堂中殿的设计，但遭到拒绝，尽管"比被选中的设计高明得多"。[3]关于圣尼古拉斯大教堂被选中的设计者乔布·柯林斯，我们一无所知。至于之前更好的塔楼（1750年）的建造者，甚至连名字都没有流传下来。最后，我应该提到东格林斯特的教区教堂。该教堂的塔楼（1789年）是坚固而传统的哥特式，中殿（1800年）也不过分薄弱。[4]

　　这些都是名不见经传的建筑者建造的教堂，这说明应该还有其他18世纪哥特教堂的例子。[5]或许我的清单能够加长一倍，但仍然很短。如果把时间延长到1820年，新哥特教堂与哥特宅邸和别墅相比仍然非常少。哥特风格比任何其他建筑类别都更适合教堂，其中有许多明显的理由。思考过这个问题的人都会吃惊地发现直到1820年，哥特复兴几乎都局限在私宅。但是这一现象很容易解释。其中一个原因是，对哥特的欣赏只流行于上流社会。只有他们有闲去培养一种新情趣，去沉溺于戏剧化的感受。他们建造哥特就像暴发户购买家庭肖像画，以显示他们的家世渊源可上溯至远古时代。但是教区居民在决定新教堂的风格时，他们的动机并非文化上的也不是势利的。在极少的情况下，他们选择了哥特，那是出于保守的考虑。老教堂太小，比如泰特伯里教堂，或者被烧毁，比如东格林斯特的教区教堂，这时候，教区居民就要建一座能尽可能让他们想起

93

---

2　《绅士杂志》，1800年。

3　参见菲尔德的《华威史》，第131页。下一句说被选中的是乔布·柯林斯的设计，实际上不是。考尔文先生告诉我，被选中的是托马斯·约翰逊的设计（1949年注释）。

4　事实上，东格林斯特教区教堂的塔楼是詹姆斯·怀亚特设计的。对于未经训练的工匠来说，建造哥特式塔楼显然比建造哥特式中殿容易。17世纪的教堂塔楼都是坚固的哥特式。18世纪的哥特式塔楼也坚固而且像模像样，而当时的花格窗和穹顶仍然非常蹩脚。

5　比我想象的要多得多。参见 H. M. 考尔文的《哥特幸存和哥特复兴》，《建筑评论》，第103期（1948年3月），第91页。

旧教堂的新教堂。他们似乎更多地将哥特与装饰式样，而不是与旧教堂的外形和布置联系在一起。他们想要尖券和花格窗，而不是圣坛和侧廊。我前面提到的教堂在设计上都奇怪地非正统。[6]但是，这些教堂虽然在构造上并不传统，却非常老派，而没有引领新的狂热。有意识地将带有新意和恰到好处的哥特风格融汇其中的教堂建筑，只有那些大型乡村建筑中的私人礼拜堂。1820年以前，如果一个教区会议希望表现自己的开化，它会建议采用希腊风格。这个决定会得到受雇的建筑师的支持，因为他能轻易建造一座像样的希腊风格的教堂，而哥特风格往往十分麻烦。希腊风格与哥特复兴的并存或许可以作为另一种理由，解释何以当时哥特建筑十分稀缺。

但是毫无疑问，1760—1820年间哥特教堂如此稀少的主要原因是，在这段时间几乎没有建造任何风格的重要教堂。

在中世纪，乡村教堂已超负荷，存货过多。17、18世纪乡村人口
94  的增长速度不足以需求更多新的建筑。城镇则不同，伦敦据称从18世纪初就缺少教堂，在安妮女王时代仍有50座教堂有待建造。罗杰爵士望着伦敦的西面说："一个非常异端的景象是，镇子的那一侧看不到教堂。50座新教堂将对这一景象有所改观。但是，教堂建设太慢。教堂建设太慢。"[7]他说得不错。仅有几座教堂建成。1760年至1820年期间，城镇人口迅速增长，而伦敦只建起了12座教堂。北方的新城境况更差。这个时代，社会上层把宗教当作抵押保险，而社会底层更激进的群体属于相互分裂的教派，建新教堂的资金很难募集。但是在拿破仑战争之后的社会动乱中，政府逐渐将信仰缺失和革命联系在一起。对雅各宾主义的恐惧让人们意识到教堂的真正

---

6  它们都没有圣坛，圣尼古拉斯大教堂几乎是正方形的，泰特伯里教堂建得像一座剧院，假侧廊三面（北面、南面和西面）都有外接通道，由不同的门通往各个区域的厢座。
7  参见《旁观者》，第383期。

价值。此外，一个强有力的、经常去教堂的中产阶层已经形成。其中最信神的成员，即圣徒派，影响最广泛。1818年，教堂建筑协会成立，这个虔诚的组织取得了超乎寻常的成功，并推动政府采取行动，通过教堂建设法案，拨款一百万英镑，在人口众多的地区兴建教堂。据统计，从1818年到1835年，至少有六百万英镑被用来建造教堂。

　　教堂建设法案（1818年）催生了214座教堂，其中有174座在当时被描述为哥特的风格，这或许是因为无法用任何其他方法将它们分类。它们当中大部分有尖券，在那个时代，尖券是区分哥特和其他风格唯一可用的标准。但是这些数字存在误导，它们似乎显示出人们对中世纪建筑的推崇。但教堂建设委员会并不推崇哥特风格，他们的动机是省钱。一份备忘录在当时的重要建筑师当中传播，要他们推荐"最节约的建造教堂的方式，以便在一个普通声音能达到的范围之内，用最少的费用容纳最多听众"。这份问卷的结果倾向于哥特，因为大家都同意最便宜的材料是砖。约翰·索恩爵士写道："在教堂建造允许的范围内，尽可能少用石料。"[8]在古典风格中，大量没有必要用的石料被用在柱廊和山形墙上。因此，教堂建设委员会建议使用哥特，而教堂建筑协会则建议哥特风格应如何建造。听众区的支柱应当用铸铁，[9]虽然在面积较大的教堂里，铸铁支柱显得缺乏宏伟。装饰应当整洁而简单，但要神圣。教堂里如果有穹顶或地窖，这些地方要设计得可以储煤或停放教区消防车。这都是一些常识性的建议。显然，哥特复兴发生了巨大的转变。用亨利·沃顿爵士的三元素衡量一下，我们会发现，放山庄园缺乏大众性；教堂建设委员会的教堂缺乏喜悦；二者均不够牢固。然而，放山庄园的

95

---

8　亚瑟·博尔顿的《约翰·索恩传》。
9　索恩也有同样建议（见上）。他说："如果单独使用铸铁的建议在实质和表象上不够稳固，可以考虑将铁柱包裹起来，只要不造成障碍。"

倒塌是一场灾难,但是没人会为19世纪早期的教堂建筑几乎全部倒塌而感到惋惜。

当时,主要的建筑师都向教堂建设委员会递交了设计。纳什和斯默克每人递交了四份设计,索恩甚至画了一张大草图,上面画着一座古典风格的教堂,两侧画了中世纪风格的教堂,其中之一是哥特式,另外一座是一种怪诞的索恩独创的诺曼式风格,期望教堂建设委员会做出选择。但是,在所有这些被实施的并且至今仍然矗立的设计中很少有值得单独挑出来评论的。或许,其中最重要且伦敦人最容易接近的是切尔西的圣路加教堂。这座教堂是詹姆士·萨维奇于1819年设计,1824年建成的。圣路加教堂是一座大型教堂,很高,很瘦,拱顶用石料——这据说是哥特复兴的第一次尝试,在高雅人的圈子里大受赞誉。甚至在今天,它纤细的塔楼也让人驻足凝视,它违背常规的飞拱也让人看了心动。但是,它同样是建造过程因陋就简的受害者,这一点我们在泰特伯里也注意到,这给了当时几乎所有的教堂一种纸盒般的外观。它的细部也同样拙劣。《绅士杂志》对圣路加教堂大加赞赏,但对它选择了折中的垂直式风格表示遗憾。在当时,早期英国风格更加纯净也更具民族性。[10]早期英国风格不如垂直式风格受大众欢迎,但是在质量上前者超过后者。E.加伯特设计的锡尔教堂[11]或许是在整个阶段中最牢固也最令人满意的教堂。只有另一组建筑值得提及——巴里的四座哥特教堂。其中一座,布赖顿的圣彼得教堂是"中尖拱风格",其余三座都在伊

---

10 参见1826年3月刊,第201页。圣路加教堂是该期的首页插图和主要文章。
11 锡尔教堂建于1826—1828年(参见1828年的《季刊》),被称为最早的早期英国复兴风格的教堂。在此之前,早期英国风格是最受欢迎的教堂风格,例如,布罗尔的巴特西圣乔治教堂和H. E. 古力治的唐塞德修道院,被普金称为"在当年是非常出类拔萃的"。晚些时候的早期英国风格教堂包括建于1830年的D. 伯顿的索思伯勒教堂(肯特郡)和建于1835年的G. P. 曼尼克斯的圣迈克尔教堂(巴斯)。

斯灵顿，是常见的垂直式风格。这些建筑少不了泥浆糊的屋顶以及"不可思议的教堂建设委员会要求的特征"。尽管如此，吉尔伯特·斯科特认为它们是非常超前的作品，并且感叹十年内不会有如此好的建筑（普金的除外）。[12]然而，我们简直猜不到它们是上乘建筑师的作品，而且是议会大厦设计者的作品。

97

　　到1830年，哥特已经被广泛应用于教堂建筑，但效果极差。甚至对同代人来说也令人失望。新建的哥特教堂遭到严厉批评。"木匠手艺的哥特""纯粹是巴特·朗吉莱"这类话几乎出现在《绅士杂志》的每一期。有时，批评更像明显的泄愤。下面的批评是针对圣潘克拉斯的苏默斯小镇礼拜堂的（估计普金也不会再增加什么）[13]："窗户没有花格，让参观者联想到周边许多茶馆和凉亭的'哥特和中国式的设计'。"普金也会同意这样的批评：和这座教堂相比，13世纪的教堂平面图几乎是方的，而且穹顶的拱肋显然不够强壮，支撑不住房顶。在教堂建筑上，明智的观点显然先于实践，而当哥特应用于私宅时，这种状况却不成立。而且令人惊讶的是，教堂风格在非教会建筑上比在教堂上更成功。这有一个明显的原因：教堂的建设资金通常有限，而富豪如贝克福德或布里奇沃特可以任意挥霍。教堂建设委员会的教堂造价大部分在四千英镑或五千英镑，带豪华石材房顶的圣路加教堂也只有四万英镑，而贝克福德据说在放山庄园上耗资超过五十万英镑。然而这不是全部原因。一座设计简单的教堂可以既廉价又有实效，可是，没有一座教堂建设委员会的教堂是这样的。原因在于，建筑师知道哥特宅邸需要什么却不知道哥特教堂需要什么。一所哥特宅邸就是一座18世纪的乡村住宅外加

12　巴里的教堂于1826—1830年在建。这段时间建造的教堂列表出现在伊斯特莱克的《哥特复兴史》，第374页。这个列表不全而且选择极差。
13　参见《绅士杂志》，1827年，第二期，第393页。

98 足够多的哥特场景元素——尖券、城垛和塔楼——让拥有者相信自己是住在祖传的老宅里。中世纪宅邸已不存在，哥特宅邸是18世纪的形式，是从18世纪的拥有者的浪漫需求中衍生而来的。然而，有大量中世纪教堂存在。哥特教堂是中世纪的形式，是从中世纪的宗教需求中衍生而来的。由于乡村住宅没有旧模型可供参照，建筑师可以根据当时的需求自由采纳哥特元素。但是，有大量中世纪教堂为哥特教堂提供模型，这些模型却非常令人尴尬，因为宗教需求已经改变。无论人们是否愿意，这些老教堂宣扬的是罗马天主教的根源。每一个壁龛，每一道围屏，每一座圣坛所讲述的时代是英国教会深陷于错误的时代。那些让古文物爱好者看着顺眼的安排，如果用正确的观点去看，无非是邪恶的罗马设计。

伊斯特莱克谈到，"一种恶俗的迷信在过去以及此后的很长时间里将尖券和罗马教义联系在一起"，暗示这是1820年以前哥特极少用于教堂建筑的原因。我们已经看到，这种观点没有多少基础，因为有一段时间几乎没有建造教堂，而当教堂重新开始建造时，它们大部分是哥特式的。在伊斯特莱克的时代，这种天主教的污点要危险得多，他只是将当时的偏见强加给前一个时代。但是，既然罗马建筑与哥特建筑之间的联系的确具有一定影响，这种影响甚至出现在教堂建设委员会的教堂上，并且随后很快改变了哥特复兴的整个进程，我们有必要对它的起源和最初的发展做一番考察。

18世纪教堂的滑稽图片一直是研究那个时代的史学家熟知的资源。世俗的、思想自由的牧师受到应得的嘲讽，严肃的作家也能找到俏皮话谈论这个题目。这幅场景经常被夸张。18世纪旅行者

99 无须离开其文学的主流，例如包斯威尔的《约翰生传》，就会发现一

大批受尊重且值得尊重的牧师，他们的宗教远甚于道德说教式的干枯骨头，而他们的严肃态度往往令人吃惊。但是，即使是18世纪教会的支持者（教会从意想不到的地方获得慷慨的资助）也同意强调一个弱点：教会对精神兴奋的恐惧及其表现。这一态度可以从"宗教狂"（enthusiasm）一词的发展历史中得到说明，虽然有失公允，[14]但对我们目前的讨论却有价值。

"假如有一天基督教被消灭，那一定是被宗教狂消灭的。"这段话出自柏拉图主义者亨利·摩尔之口，它代表了持续了相当长时期的一种态度，18世纪有这种态度的证据。1752年，拉文顿主教发表了关于这个题目的著名论文《论卫理公会教徒和天主教徒之宗教狂热》。1766年，沃波尔发现他对卫斯理的戏剧性礼物的欣赏被那个布道者"非常丑陋的宗教狂热"破坏了。[15]在整个18世纪，正统牧师祝酒时爱用的祝酒词是："祝教会昌盛；祝宗教狂灭亡！"法国大革命将这个词的意义从宗教领域延伸到政治领域。1806年，威斯特摩兰伯爵在上议院演说时，发出庄严的警告，反对"无神论者、狂热分子、雅各宾激进分子，以及类似的人"。简言之，在1800年被叫作狂热分子和二百年前被叫作"圣人"一样容易。对于正统派来说，狂热分子的颠覆性，对宗教、对法制、对社会的危险性与清教主义对惠特吉夫大主教一样。哥特复兴在婴儿期时便被一种狂热的微弱潮红所扭曲。早期的浪漫主义文学，例如奥西恩，表现出一种危险的兴奋。沃顿还真写了一首诗，叫《狂热的人》。如画美的推崇者生活在持续的欣喜之中，他们谈论风景所用的语言甚至我们都会觉

100

14 该词最早出现在1608年的出版物中，当时的意思接近"着魔"。霍布斯《利维坦》的第56页有极好的说明："有时，在狂人微不足道的演讲中，好像被圣灵附体一样，这种着魔他们称为激情。"这个词一直保留着最初的意思直到18世纪末。到那时，它仍然与我们现在的"歇斯底里"接近。
15 《沃波尔书信集》，第七卷，第50页。

得过于热情。一座哥特式大教堂所引发的崇高情感与嶙峋怪石和野性的景致带来的感受是一致的，但是教堂带来的崇高却染上了一种特别色彩。1785年11月的《绅士杂志》的读者来信这样写道："让任何一位毫无偏见的观察者对我们著名的大教堂的景观做一番认真思考，并让他告诉我这个景观是否能够引发一种敬畏，使他的心灵处于一种庄重而充满宗教的状态。"在对哥特雕塑表达了遗憾之后，他继续写道："我这里说的哥特趣味仅指小物件。哥特崇高而巨大的建筑作品我将永远崇拜。我甚至承认我是一个狂热者。"当这种不健康的情感和这种令人难受的词与宗教联系在一起时，我们就不能责怪教会里更为平和的成员的警觉。哥特建筑不但能够激发宗教狂热，而且还能以一种特别危险的形式激发。我们已经看到沃波尔强调哥特中的罗马天主教成分，认为哥特教堂灌输迷信与希腊化的崇拜。随着复兴的进展，哥特中的这些迷信和罗马天主教成分变得更加流行，更为突出。在欧洲大陆，对中世纪艺术的新趣味与罗马天主教的复兴迅速联系在一起，夏多布里昂的《基督教真谛》一书点明了这一联系。在英国，哥特中的这种危险成分在当时在世的最博学的宗教辩护人米尔纳主教的观点里成形。

约翰·米尔纳是哥特复兴中的一个重要人物。他是罗马天主教徒。在法国大革命期间，他在温彻斯特建立了一座本笃会女修道院，为逃离布鲁塞尔的修女提供庇护。后来，他成为卡斯特巴拉的主教和英国西区的宗座代牧。1792年，在温彻斯特时，他建造了一座礼拜堂。这个礼拜堂通常被认为是复兴时期将哥特风格应用于教堂建筑的最早的实例。它肯定是我们称为以哥特复兴为目的而建造的第一座礼拜堂。米尔纳说："我没有遵循建造教堂和礼拜堂

为委员会准备的备选教堂

取自约翰·索恩的草图

圣路加教堂, 切尔西
取自旧复制品

的现代风格。这种风格通常把房间建成四方形的,带着小方格的窗户和流行的装饰。将圣坛和长凳移走,它们便与普通会议室没有任何区别。因此我决定仿照我们的宗教祖先留给我们的模型。他们殚精竭虑,发展并完善教堂建筑,取得了无与伦比的成功,假如现有的圣彼得礼拜堂果真能引起一定程度的喜悦和崇敬的情感,如同许多人说他们踏入教堂时所感受到的那样,那么这个功劳完全应当归功于哥特建筑风格的发明者。"[16]

礼拜堂是卡特根据米尔纳的草图设计的,这个礼拜堂因此成为当时在世的两位最博学的哥特建筑学者的作品。他们严格遵从中世纪艺术的要求,而对其精神的理解则令人费解,我们可以从米尔纳在《温彻斯特历史》一书中有趣的描述中略见一斑。"祭坛饰屏围在一个哥特式的五叶形券拱里面,由一对支柱支撑着,两侧有优雅的扶壁,顶端是以石榴饰为终端的尖塔。券拱的顶盖从扶壁向上,逐渐变细,一直延伸至穹顶的拱冠,终端为百合饰。在券拱顶端和顶盖之间的开放空间里,祭坛饰屏中我们的救世主头顶是一片四叶饰,上面是刻在玻璃上的透明的鸽子,从后面投射进来的一束光线,照在鸽子上,产生一种令人惊喜的效果。"[17]

我把这段全文引用在此,因为这代表了米尔纳典型的激情。每一个细节都用同等的热情进行描述:圣龛("现在统一这样叫")特别丰富而繁复,是约克大教堂西端的模型;门,同样丰富,上面有复杂的哥特浮雕;它们的顶盖有镀金小天使作为支柱;甚至底层的玻璃也制作得非常巧妙,透光但是不让人透过它看到任何东西。丰富,优雅,辉煌,哥特,镀金——这些词不断浮现,直到读者被这种过

102

---

16  参见约翰·米尔纳的《温彻斯特历史》(1798),第二卷,第230页。
17  同上书,第235页。

度的富丽堂皇搞得无所适从。

不幸的是，圣彼得礼拜堂至今仍在。[18]镀金小天使已经失去光泽，装饰板条——"干草色，而教堂的本体是法国灰铁色"——已经变得相当肮脏。但是除此以外，教堂还是像米尔纳描述的那样，不禁让我们对他的理想主义肃然起敬。他本人被该建筑的宗教目的，耶稣复活的荣兴，或是圣彼得神圣的品德照耀得眼花缭乱，无疑真诚地被它的美丽打动了。我们因为没有这些便利条件，可能体会不到那种喜悦和敬畏的情感，尽管这是礼拜堂意图达到的设计效果。不错，那只耀眼的鸽子至今仍让人感到惊奇，但是，随处可见的是我们熟悉的破旧和简陋。这间小屋当年或许很花哨，但现在只剩下寒酸。至此，卡特和米尔纳或许可以说是成功了。他们的哥特与18世纪那种欢快的，带着明显的人为斧凿和意想不到的诱惑的洛可可哥特完全不同。他们的哥特是教堂建设委员会的教堂特有的那种邋遢的哥特，或许是采用过的建筑风格中最不具吸引力的一种。[19]

假如这个礼拜堂是米尔纳对哥特复兴的唯一贡献，那么他的影响应该不算大。但是，米尔纳的宗教自然会引导他从罗马天主教探讨哥特的起源，以及哥特表现天主教目的的方式。他关于哥特建筑最重要的文章都收录在《温彻斯特历史》一书中，这本书让我们对他的宗教观一目了然。

在我们这个时代，我们已经习惯于天主教史学家。我们能够支持对亨利八世的攻击，我们做好了准备相信伊丽莎白的迫害与她姐姐的迫害同等残酷，而且我们对郝德利主教的好名声不会过于担

---

18 确切地说，写这些文字时它仍然存在。
19 米尔纳主教的礼拜堂的邋遢可以理解。但是卡特竟然在他的理想的哥特式礼拜堂里安装镀金天使的头、仿古扇形穹顶和涂色仿大理石饰纹，却是令人吃惊的。一旦我们想到他的实践，他在《关于建筑创新的信札》中反复强调的理论就显得失去分量了。

心。米尔纳的《温彻斯特历史》与许多其他书籍相比并不极端,但是对于1800年的正统教士来说,这本书很糟糕。约翰·斯特奇斯牧师在发表于1799年的一封公开信中说:"我很吃惊。当你第一次告诉我米尔纳先生后来发表的《温彻斯特历史》以极不寻常的方式讨论了一些政治和宗教观点,而其中一些我们喜爱并尊重的人物遭到误解时,我感到很吃惊且很担心。事实上,此书成了为罗马天主教辩护的工具,是在广义上对改革宗教,在狭义上对英国国教的讽刺。看来,这才是作者心目中的主要目的。"[20]斯特奇斯牧师在他的抗议中并不孤单。米尔纳的《温彻斯特历史》被广泛阅读,发行了至少十版。在有些版本中,最有争议的段落被删除,但书的语气无法改变。大部分评论都把米尔纳当作一只披着古文物爱好者羊皮的罗马天主教的狼。[21]

104

　　哥特建筑会激发宗教狂热,以及它与罗马天主教有不可否认的联系,这两点在米尔纳的作品中得到了强调。然而,建造圣路加教堂和类似的教堂时,却没有人抗议。部分原因是大家都知道督察委员会没有罗马天主教的意愿——事实上,委员会深受福音派的影响;部分原因是教堂建设委员会的教堂不展示明显具有罗马天主教的特征。其中一些特征被无意识地省略了,建筑师根本不知道这些是哥特教堂的常用特征。节约也是清教主义的一大考虑。有一本在当时出版的给建筑师提供建议的小书指出了许多降低教堂建筑费用的方法。例如,将一个轻便的洗礼盆(14便士)摆在祭坛上面,可以省去支架和一组用布列塔尼金属做的圣盆(3英镑19便士)的

20　参见约翰·斯特奇斯牧师的《读约翰·米尔纳牧师的〈温彻斯特历史〉后关于罗马天主教的思考》(1799)。
21　例如《季刊》第三期,第363页。斯特奇斯的信是许多文章之一。它们攻击、捍卫、反攻击,最终以不可避免的罗马天主教的雄辩的胜利作为结束。这一争论可以参照《绅士杂志》,第69、70期各处。

费用。显然,在教堂建设委员会的教堂里,并没有为多余的和迷信的象征物留出空间。

但是有时候,哥特建筑中的天主教特征被有意识地省略了。吉尔伯特·斯科特注意到在巴里的教堂里有一些"奇怪的教堂建设委员会的例行公事"。巴里的儿子为此提供了一个辩护,他说,他的父亲"强烈地认为中世纪的艺术形式虽然优美,却不总能满足宗教仪式的需要。这个仪式基本上就是公众祈祷。深圣坛、高圣坛屏和(不太重要)多柱回廊,对他来说似乎属于礼拜仪式,属于过去而不是现在的教会"。这些他基本弃之不用,"即使是牺牲一些本身美丽的特征,即使可能会干扰给人感动和庄严的微弱的宗教之光"。

105

巴里的观点得到了大部分同时代人的认同。被动的正统派和主动的福音派联手谴责天主教的安排和浮夸。事实上,巴里的观点对我来说是无懈可击的,他反对的那些安排是不合时宜的,因为一个新教教堂的唯一需要是人人能够看到,人人能够听到。困难在于将哥特应用到一个宣讲场所里的新的理念。哥特的建筑元素是为了一种特殊设计——多柱回廊、穹顶等——而装饰元素与建筑元素紧密结合在一起,将它们分离是危险的。理想的新教教堂是一个方盒子,哥特风格不适合这个盒子。如果这是一个矮盒子,哥特将失去其"冲天"的特点;如果这是一个高盒子,它看上去将显得纤弱,因为缺乏侧廊和耳堂的支持。无论高矮,穹形或斜尖屋顶是不可能的,它们错失了哥特构造的全部目标。同样的,侧廊是哥特教堂最有价值的建筑特色,因为它们能打断一条单调的线,为建筑师提供一个创造恰当比例的机会。在抛弃传统安排的尝试中,巴里和他的同时代人为自己创造了一个几乎无法解决的建筑难题。这个难题起源于15世纪,已经被卓越的制造工艺部分地解决了。但是即使如此,国王学院礼拜堂仍然不是完全成功,而且如果它是一座完整的、独立于其他建筑的教堂,它会更不成功。[22]1820年代的建筑师,既没有能工巧匠,又没有"皇家圣人",不可能成功。

106

描述这些教堂会是不明智的。即使我们将所有带有蔑视意义的形容词汇集在一起,我们的侮辱性语言也不如普金和教会人士的丰富。这些粗制滥造的建筑不但从建筑角度让人看不起,而且在安排上也是不合教规的。无论我们如何厌恶这些拙劣的建筑,我们的美学义愤和他们的宗教激情是不可同日而语的。作为一个辩论题目,丑在异端邪说面前是苍白无力的。教堂建设委员会的教堂的重要性主要在于它们引发的反应,在于它们从普金激情燃烧的大脑里摇下来的四溅的火星,在于卡姆登学会对严格遵守礼拜规程提出的严肃要求。

107

---

22 我现在(1949年)已经不记得当时我为什么会为对国王学院礼拜堂持如此批评态度而感到特别得意扬扬。

第六章

# 议会大厦

1834年10月16日夜晚，伦敦市民目睹了一场盛大的奇观。位于威斯敏斯特的旧宫陷入了一场无可挽回的火海之中。在一阵忙乱之后，一个议会委员会受命研究重建事宜。第二年6月，该委员会宣布公开招标新的设计方案。地点仍在旧宫原址；风格为哥特或伊丽莎白。而正是在二百多年前，一个类似的委员会决定用古典风格重建旧的圣保罗大教堂。

　　英国最重要的公共建筑将采用哥特风格。显然，这一决定是复兴历史早期的核心时刻，值得停下来探讨是什么动机影响了该委员会的决定，以及哥特在这一决定必然挑起的各种风格的较量中所占的地位。

　　在"浪漫主义和考古学"一章中，我们综述了直到1820年的各种哥特力量。在随后的十五年间，对哥特的一般性欣赏走的是同一条路，除了它也随着社会的扩展而扩展。唯一的新发展是教堂建筑，这一点我们在前一章刚讨论过。浪漫主义文学仍然有强大的影响。沃尔特·司各特爵士的知名度正如日中天。人们得知他本人就住在一座现代哥特建筑中，《艾凡赫》的作者本人认为阿伯茨福德[1]有足够的浪漫情调，那么他的读者自然也对他们自己的哥特式别墅另眼相待。中世纪的古文物的流行也仍不减当年。关于尖券起源的争论仍在激烈进行。人们对教堂的钢板刻印的需求似乎永远不能满足。布里顿的企业招来众多的竞争者，包括布罗尔、科廷厄姆等人，但似乎仍有足够的发展空间，甚至开发出一个模仿里克

---

1　由威廉·艾特金森建于1812年。他还设计了斯康宫。

曼的手册系列,上面甚至标明主要哥特风格的日期和特点。

此外,对中世纪艺术的兴趣已经不再局限于哥特建筑。议会大厦烧毁前五十年,阿金古开始出版他的《艺术史》。在书中,拉斐尔之前几百年的绘画被第一次置于显著地位。在随后的阶段,可能是从这一新的历史意识中衍生出来的一项研究开始改变人们的视野。蒙特博士收集14世纪的绘画,[2]不仅因为它们像古玩那样能满足历史好奇心,奥特利将他的"乔托"素描作为艺术作品出版。这段时间里,很少有关于这个题目的图书面世,但是缓慢地、无意识地,这个敏锐的少数群体终于让感觉迟钝的大众看到了他们的视野。结果在1836年,一个颇有见地的关于艺术品与制造品之关系的委员会在报告中指出,我们国家馆藏追求的绘画应当是那些拉斐尔之前的作品,[3]因为"这些作品的风格比卡拉齐的名画更纯洁高贵"。[4]

随着这些兴趣变得更加广泛,哥特建筑也变得更平民化。当然哥特式郊区住宅在18世纪已经开始修建。米尔纳称,它们"在大都市周边,我们的平民习惯于将他们不能归类的任何怪异建筑都叫作哥特风格"。[5]但是,自从沃波尔把它带进上流社会,哥特却变成一种势利风格,一种追名逐利的风格。这一社会成功阶段在1830年达到顶峰,也就是温莎城堡完工的那一年。那时,大部分中世纪艺术可应用于其中的公爵城堡已经修复或重建,虽然在此之后仍有几座哥特宅邸建起,[6]但哥特复兴最典型的建筑是那些数量众多的不规则的别墅。

109

---

2　首次发表于1808年,再版于1811年,1825年。插图版于1843年。

3　参见他的《建筑的意大利学派》,分期出版于1808—1823年。

4　引自《建筑杂志》,1836年,第546页。

5　参见《绅士杂志》,1802年5月。

6　其中最重要的包括:坎福德庄园,部分由布罗尔重建,1832—1836年;大部分由巴里重建,1848年。邓罗宾城堡(为萨瑟兰公爵而建)由巴里设计,1844—1848年。

　　哥特式别墅的潮流，就像如画潮流一样（前者其实是后者的一部分），并非完全起源于文学或势利的冲动。然而，虽然我们喜欢简化甚于烦琐，我们必须承认那些建于1800年至1820年之间的普通的非哥特式别墅太平常了。部分是因为过分简化过去是（现在依然是）可以免于粗俗的指控，部分是出于节省。当时的别墅被压缩成一个盒子，通常连最简单的花边装饰都没有。中世纪宅邸是对帕拉第奥形式主义的反动，如画美别墅是对埃德蒙·艾金、甘迪和莱恩的柜橱风格的反动。[7]饥饿的视线盯着山墙大饱眼福，长期受到压抑的个人趣味能在哥特风格上刻出印迹。

　　米尔纳注意到的这第二种诉求被当时的建筑师娴熟地利用了。古德温在1835年写道："在这个时代，当古典建筑已经被广泛理解，任何一个有独立思考的人，如果决定使用古老的英国风格，人们可能会宣布他是一个有独立见解的人，一个超越偏见的人，一个情趣高雅的人。虽然偏爱古典或意大利风格，但是他选择了诗人和画家一直钟爱的风格。"[8]我们熟知追求个性的结果。这种欲望一直延续到今天，让我们满足于巨大的山墙，凸面窗和卷叶饰，在陌生的地方盛开的花朵。因为不同的原因，牧师的住宅被认为很适于哥特风格。"将一个神职人员的住宅设计成显示他所属教堂的特点的做法令人满意。这不但在情趣上占先，而且在教堂和忠于职守的牧师之间建立起了一个看得见的联系，此外，看到这一住宅的人也会自然而然地联想到居住在里面的人的虔诚品格。"[9]乡村牧师已经是哥特考古的热心学者。他们当中许多人已经在清理和修复他们的教堂。

110

---

7　参见埃德蒙·艾金的《别墅设计》(1808)，这本书收集了最简朴的设计。大卫·莱恩的《家居建议：包括农舍、农场建筑和郊区住宅的原始设计》也包含非常简朴的设计，与哥特风格相去甚远。
8　参见弗朗西斯·古德温的《乡村建筑》，1835年，第12册。
9　参见帕普沃思的《乡村住宅》，第45页。亦见古德温，第6册。

少数几位，像丁尼生的父亲，将他们的热情带回家，用哥特细节布置自己的住宅。[10]

　　对这种风格的小房子的需求可以通过一个实例——P. F.罗宾逊先生的作品——表现出来。在1822年，他为《乡村建筑》出版了一本关于设计的书，书中包括96帧房屋插图。这些房屋几乎全是哥特式的。这本书于1826年再版，1828年出第三版，1836年出第四版。同时，罗宾逊出版了《装饰性郊区住宅设计》(1827)、《乡村建筑》(1830)和《农舍设计》(1830)，其中一些出了第二版。这是罗宾逊应得的成功。或许，他太钟情于繁复的山墙封檐板和旋纹烟囱。有时，他的古文物考古的情趣给他带来不便，例如，他的诺曼别墅里的带狗牙边饰的桌椅。但是，他对如画风格有真正的理解，假如他的设计由上乘工匠负责施工的话，会与真正的都铎王朝的建筑难辨真假。

　　不幸的是，我们可以肯定事实上并非如此。在研究那些年出版的哥特别墅设计的众多出版物时，[11]我们必须时刻记住建筑实物远不如书里的插图吸引人。到1825年，几乎所有哥特模塑件或装饰物都可以批发来。自从沃波尔用人造石材定做了他的花园大门以来，许多新奇的制造工艺被发明出来。一位1818年《绅士杂志》的投稿人写道："几乎所有饰件或所需部件都可以在我们的铸造厂制作，甚至最复杂的哥特式金银细丝工艺，以及几乎所有哥特式花格窗和饰物，都可以通过反复使用几个简单部件制作出来。这种方案绝对可以实施。因为轻灵和高雅是这类建筑所追求的特点，使用这种方法

111

---

10　萨默斯比的餐厅在大约1820年被彻底哥特化。参见哈罗德·尼克尔森的《丁尼生》，第38、39页。

11　在罗宾逊之后，这些书是最好的：帕普沃思的《乡村住宅》(1818)，古德温的《家庭建筑》(1833)和《乡村建筑》(接近于《家庭建筑》的再版)(1835)，布鲁克斯的《农舍和乡村建筑》(无出版日期，约出版于1835—1840年)，以及布朗的《家庭建筑》(1841)。

比用脆弱而易损的石料更能获得高层次的完美。铸铁饰件用石头颜色的防锈涂层处理后可以经久耐用。"[12]

112 《建筑杂志》的编辑[13]对奥斯汀先生的人造石材同样赞誉有加。他的哥特饰件，如果辅以比勒费尔德先生的混凝纸浆装饰，[14]可以给口味最挑剔的人提供充足的选择。难道它们不是从最好的样品拷贝来的吗？正如达勒维所说："一个完美的仿制品比一个有瑕疵的原件更有价值。"[15]1830年的哥特别墅比上世纪那些可笑的简易避暑房屋更结实，或许更哥特。虽然关于洛可可哥特作为一种建筑实在没什么可以再说的，但是，为了暂时的目的，它也不是完全不适用。当油漆未干时，沃克斯豪尔看上去一定很华丽，而一座诺曼式风格的别墅永远不会令人愉快。[16]

从1820年到1830年的哥特建筑中，最令人满意的是那些最朴素的：那些散布于巨大的哥特庄园的公园周围简陋的小屋和农舍。这些建筑也是伪造的，但让人看了心情愉快。虽然是假货，不像那些哥特庄园那样浮夸，也不像哥特别墅那样阴郁。它们带有洛可可哥特那种低俗的美，而且带着些许对复兴非常重要的新情绪，一种"本土"建筑的局促。在地方建筑单调呆板的地方，1830年的建筑师觉得有必要用更悦目的东西取而代之，还有那种令人厌恶的，显然是一种不治之症的半木式摧残了整个国家的传统。但是，地方风格本身已经悦目的地方，建筑师也会拿来用，加上一些小的修饰，加几个旋转和波纹。这些小把戏让人觉得可笑，却能给建筑一种时代感，像一首欢快曲调的回音。这些农舍不是严肃的建筑。它们的重

---

12 《绅士杂志》，1818年，第507页。
13 参见《建筑杂志》，1885年，第123页。
14 比勒费尔德先生对大火后的临时上议院负责。参见他的《论改进的纸浆装饰》，1840年。
15 参见达勒维的《英格兰艺术轶事》。
16 参见《建筑杂志》，1835年，第333页。亦见罗宾逊的《装饰性别墅》，插图9。

要性在于其历史意义,在于它们为后来的一个建筑流派做了铺垫,这个流派专门从地方风格中寻找灵感。它们具备一种特有的情感魅力。而且有时,比如在屯布里治威附近的艾里治,[17]它们与当地农村的环境和谐地融为一体,表现出充满喜悦、令人艳羡的浪漫主义的世界。

　　虽然哥特是建造别墅和教堂的流行风格,但是从来没有人建议将一个巨大的非宗教性设施设计成哥特风格。古德温写道:"民用建筑,公用的或者私人的,市政厅、交易所、议事厅等,用希腊、罗马或者意大利风格一般是合适的。"[18]负责重建威斯敏斯特宫的委员会如果没有特殊原因是绝对不会选择哥特风格的。其中一个原因是旧址的选定。被烧毁的建筑本身是哥特式。其残留部分——西敏厅和圣斯德望礼拜堂的废墟——很难融合进一个古典设计。邻近的西敏寺自身就使得哥特更合适,虽然一年前建成的哥特式西敏医院减弱了这个理由的力度。另一个理由是一个重要信仰,这个信仰认为哥特基本是一种英国风格。尽管哥特处在最失宠的时候,人们仍然用感伤而爱国的目光注视着它。富勒在他的《英格兰名人传》中用挑战的口吻写道:"让意大利人嘲笑我们英国人吧,让他们谴责我们的哥特建筑吧。"在1739年的《绅士杂志》上的一篇文章中,作者发现"那些古老而好客的哥特大厅有一种令人肃然起敬的东西,有一种高贵的力量和淳朴在里面。这些东西都很好地表现在那些当年的大厦里大胆的券拱和坚实的支柱上"。[19]这种对建筑的崇敬超越了一切时尚。无怪当趣味青睐它时,这种崇敬就变得愈发

113

---

17　在这个庄园建起来的农舍似乎都是同一个时期的,即1810年到1830年间。建筑师是当地的,名字叫J. 蒙迪耶。
18　参见古德温,第5卷。亦见帕普沃思,第34页。
19　参见《绅士杂志》,第9期,第641页。亦见伯克。

114  强大。几个坚称哥特起源于法国的腐儒又怎能抵挡这股浪漫民族主义的大潮呢？必须使用哥特,因为它是民族风格。任何人都喜欢这样的论点,简洁、明了,没有任何繁文缛节。

委员会选定风格的六个月里似乎没有招来任何评论。在这段时间里,97位建筑师准备了1 400份草图。那些有可能抗议的人都在忙于工作,跃跃欲试,对自己和朋友充满希望。但是,在1836年2月29日,委员会宣布查尔斯·巴里先生的设计被选中。其余96位大失所望的建筑师都开始自由发泄他们对哥特建筑的不满。

这里,我们没有必要在这场争论引来的众多的可笑文章上浪费时间。任何重要竞争的仲裁都会招来走后门的谣言。我们可以忽略所有那些暗示巴里在议会有朋友的作家。我们同样可以忽略木匠彼得·汤普森的那些絮叨的信件,他相信他的设计遭到拒绝的唯一原因是他卑微的职业。他写了多封冗长的抗议信,信总是这样开头:"如果一个小木匠可以卑贱地请求。"

即使比较严肃的批评也很难分析,因为它们使用一些非常模糊的术语。每一个时代都有自己的词汇来表达艺术作品唤起的情感。最初,这些词语代表某种评判优秀的理想标准,并隐含某种局限性。但是,随着这些词语流行起来,它们会失去最初的威严,而沦为一些表示一般嘉奖的老生常谈。一种批评词汇变成空谈可以表现在对风格的争吵之中,此时哥特和古典建筑可以用完全相同的词加以表扬或指责。这些空洞的辞藻之中,最受欢迎的无疑是"自然"一词。没有任何一个词能像"自然"一样词义模糊。首先,最早将"自然"

115  置于其系统中心的批评家是亚里士多德,他用这个词表达三种不同的意义。亚里士多德的"自然"通过蒲柏的《论批评》作为第二手资料传到18世纪。然而,这个戴着假发的词却被招来为华兹华斯的原则做证。如果这个词在它所属的文学批评领域造成混乱,我们怎能希望用"自然"作为建筑的试金石呢?可是,这个词的权威性是如此巨大,任何批评家都无力将它剔除。结果"自然"既为普金撑腰,也为罗斯金打气,就像它为詹姆斯·斯图亚特辩护一样。

"自然"的许多意义都被用在关于议会大厦的争辩之中。汉密尔顿先生,他写给额尔金伯爵攻击哥特风格的信最长,用词也最华丽。他写不上几页就要重复:艺术基本上是对自然的模仿。在哪些方面希腊建筑模仿自然比哥特建筑更接近自然,这他没有解释。但是,其他古典建筑的支持者更具体。"如果有必要去复制,为什么不从自然复制呢,像古人那样?希腊人的第一根柱子是树干。莨苕的叶子据说启发了科林斯柱式。"[20]这些争论可以轻而易举地适用于其对手。他们可以说哥特不是建立在砍伐的树干,而是一排林荫大道上。

还有其他一些论点辩论双方都可以用,而且都可以取得同样的效果。"男子气"就是这样一个好词,模糊得任何人用都不会担心招致逻辑反驳。古典建筑的质朴具有不可否认的男子气魄,[21]哥特的忧郁和力量亦如此。[22]这场争论就是以这种方式进行的,其中很少有更具体的论点,乏味而且无休无止。

但是,当读完关于这场混乱的争论的所有评论和小册子,并将它们遗忘之后,我们发现树木并不是像它们看上去那样随机,实际上,木料有规律可循。这在趣味史中尤其重要。在18世纪,大部分从事建筑的绅士都对建筑规则有正确的知识,是由他们和专业建筑

116

---

20 参见《伦敦与威斯敏斯特评论》,1836年,第25期,第420页。
21 《詹姆斯·巴里作品集》,第一卷,第23页。
22 参见《牛津词典》"男子气"词条。

师来决定建筑风格的。除了少数例外，我们可以说他们的建筑知识越丰富，就越不会选择哥特风格。在1785年，一位作家希望得到一个有利于哥特的评判。他向任何"公平的观察者、艺术家及其同类人求助，只要他不是偏执于希腊或罗马式样"。他所希望囊括的包括所有艺术家，只有怀亚特除外，而他所说的同类人几乎包括全部建筑行家。到了1830年，各个阶层的大部分人都会用欣赏的目光审视尖券，但是，尽管哥特几乎受到普遍欢迎，它依然是一种非专业的风格。没有一位有才气的建筑师会出于信念而使用哥特，除了失去信用的怀亚特。甚至议会大厦的建筑师也"从未动摇过他对意大利风格的忠诚"。[23] 哥特没有规则，没有原则，没有专业地位。但是，这种所谓业余性并不重要，因为1830年以后，我们迎来这样一种信仰：批评一件艺术品时，知识或经验都没有必要，没有任何文化传统的所谓"公平"的中产阶级成了趣味的最后仲裁人。很自然，这样的观众欢迎排除专业术语的批评，取而代之的是简单的人类价值。学会源于意大利语的"明暗对照法"一词的发音是浪费时间，而对尊严和无耻的诉求却可以立即被感知。

正是这些非专业性价值的出现与占上风使得关于议会大厦的争论变得如此重要。如果哥特的反对者可以自由地选择他们的场地，他们本可以赢得辩证的胜利。当时健在的有成就的建筑师都习惯于使用古典风格，而好的比例和细节在熟悉的风格里也更容易取得。甚至从方便的角度，古典建筑也是更可取的，而且在建造和维护上也会更经济。但是这些论点没有大众魅力。古典派不得不求助于文学或人类价值，而这些往往与他们的观念相左。模仿自然，如果这个词还多少有一点儿与建筑相关的意义的话，也是更倾向于

117

---

23  参见《巴里传》，第128页。

马可里里领地的入口
取自古德温的《乡村建筑》

13世纪风格的别墅
取自《建筑杂志》，1836年

哥特而不是古典。[24]宣称只有希腊式才符合一个自由的民族，这种说法更站不住脚，它甚至不具备英国特色。在这些理由中，任何冲突总是以哥特的胜利而告终。希腊派只有在它温和但不屈不挠的斗士引用品达和温克尔曼，或是声称"印刷术的发明开拓了人类的心智"时才最安全。这句话和建筑没有任何关系，但也没有任何争议。或是当更执着的支持者求助于更简单的辩论武器：冷嘲热讽和人身攻击，诸如，主教们合谋要把议会大厦变成修道院；议员要穿僧侣的法衣；来访者会错把新建筑当成西敏寺；实际上，索性就用西敏寺当议会大厦，这样可以省去许多费用——维特鲁威和帕拉第奥的崇拜者已经把自己降低到这个水平了。[25]

对于本文的发展来说，议会大厦的重要性有一半存在于这些争论之中，存在于复兴赖以存在的原则的逐渐形成过程中。另一半在于对手工工艺的推进。巴里决定整个建筑从里到外全部使用中世纪风格，直到最小的细节，直到墨水瓶和雨伞架。我们被告知，他"希望训练出一大批刻工，遵循哥特古文物实例的指导，但又不特别局限于这些实例"。[26]在某种程度上，他的希望实现了。建筑里外数千平方英尺的石刻都是由受过复制古代模型训练的人实施的。此外，在木制品、铁制品、彩瓦和彩色玻璃的制作中，也进行了类似但不够彻底的中世纪工艺的研究。这一运动的顶峰是南肯辛顿博物馆的地基，它集中了所有可以复制的技术。但是这一运动始于议会大厦的装饰。

如今我们认为这个模仿阶段是灾难性的，因为它扼杀了一切产生自发的独创风格的希望。当然，问题在于哥特的性质。一旦对哥

118

24　参见《建筑杂志》，1835年，第509页。
25　参见《伦敦与威斯敏斯特评论》，第25期，第409页。
26　参见《巴里传》，第193页。

特做出承诺，就不可能避免繁复的细节，而要训练工匠实施这些细节，就只有让他们学习复制中世纪的作品。不可避免的，这些复制品都是死的，因而议会大厦成了一个哥特风格的大墓地。然而，这些缺乏生气的形式是值得尊重的。我怀疑任何值得尊重的风格能够从维多利亚时代早期自发生成。在批量生产给手工工艺带来致命一击之前，手工工艺已经降至了一个很低的水平。到1830年，所有装饰都从属于实用的需要。只有少数业余工匠还在用珠子和羽毛维持着一种没落的乡土气的洛可可。和这些花里胡哨的作品相比，中世纪手工艺复制品非常乏味，很难让人联想到一个已经经过时间的打磨而成为传奇的世界。但是，做好一件复制品至少需要好的技术，或许，学习中世纪艺术是脱离华而不实的唯一的途径，从纤弱和不合情理到实打实的手工艺和对材料的尊重。

除了对手工工艺的推进，议会大厦对建筑的影响从总体上说小得令人吃惊。这座巨大的、精益求精的建筑花了许多年才建成。在此期间，哥特复兴正在突飞猛进地向前发展。它已经不再是那种不经意的复兴，凭着业余人士的一时兴起或是某种经济需要的制约而无计划地发展着，不受教条左右，也不受原则的限制。1845年以后，哥特建筑的复兴带着一种宗教意义的目的明确性。采纳这一风格的建筑师在严格的禁忌系统制约下操作。这一系统的每一个条款都被议会大厦违反。设计是对称的，风格是垂直式的，建筑师在古典风格下操作，我们将会看到其中任何一条都会是致命的。在建筑完成前的很长一段时间里，没有一个严肃的哥特复兴派胆敢美言一句。甚至伊斯特莱克也只是强调其历史重要性——它是那个黑暗时代里可能产生的一件好作品，但是与瓦特豪斯先生创造的任何东

119

西相比,它都是一件劣质产品。[27]

　　但是在今天,对建筑感兴趣的大部分人都庆幸威斯敏斯特旧宫是在1840年以前烧毁的。事实上,巴里的建筑在当今比在以往任何时候都更受到称赞,这种称赞具有一些启发性。哥特复兴可以清晰地分为两个阶段,第一阶段不妨叫作如画美阶段,其原因我想我已经讲得很清楚了。第二阶段叫作道德阶段,其原因我将在下面三章中给予说明。在这两个阶段中,第一阶段的痛苦显然少一些。如果人们一定要复苏一个过时的风格,愿他们是因其效果而使用,而不是为了满足某种隐晦的、被遗忘的教条的需要。[28]议会大厦在时间上站在这两个阶段的中间,但是它在风格和效果上属于第一阶段。它是如画美风格[29]的胜利。那长而散乱的线条,那不合比例的塔楼,那单调的细节,这些我们都承认。但是我们不能抹掉想象中的那座超凡的建筑。它似乎集中代表了伦敦最典型、最动人的一切。虽然威斯敏斯特宫总是令人惊奇,但它完全和周围的一切和谐相处。这些特性并不全是由于它的体积、感情或我们对它的熟悉,因为白金汉宫就好像不是伦敦关键的一部分。我怀疑那些坚持反对哥特的人会用我们的议会大厦去交换欧洲大陆上那些正确的、富丽堂皇的、古典风格的议会建筑。[30]

120

121

---

27　参见伊斯特莱克,第184—186页。

28　关于我现在(1949年)对这一陈述的看法,参见我的作为引言的信。

29　这里使用的是这个词最严格的意义,因为任何画家都抵抗不了它的诱感。在上世纪(指19世纪)的伟大的风景画家中,它给予马奈、莫奈和西斯莱以灵感。现代派画家中有德兰和柯克西卡。

30　在本章中,我没有详细讨论巴里的设计或在执行设计过程中遇到的困难。这样的讨论会牵涉到一个我们在下一章将要讨论的有争议的问题。有关细节可以在E. 巴里的《巴里传》中找到。参见上文。

# 第七章

# 普金

在我们讨论哥特派在风格之争中带来的力量时，我们注意到一个巨大的强项和一个弱项。强项在于新的人类价值开始被用于建筑批评；弱项在于哥特风格缺乏建筑原则，而且使用哥特风格的建筑师接受的训练都是古典风格并且倾向于使用古典风格。强项在增长。甚至在议会大厦的奠基石埋下之前，弱项已经开始消失。几年以后，哥特风格的建筑原则更加坚固，甚至比古典建筑的原则还要严格，还要广泛。建筑师不再把哥特看作一种风格，而是将其视为一种宗教。复兴的整个性质都发生了变化。带来这场变化的人是普金。

奥古斯特·威尔比·普金生于1812年3月1日。[1]他的父亲奥古斯特·查尔斯·普金伯爵来自古老的弗莱堡家族，一生保留着贵族的举止和偏见。他在法国大革命期间逃离法国，在纳什的事务所谋得一份职务。当时对绅士住宅的城堡形风格的需求正处在顶峰。纳什对哥特细部几乎一无所知而且没有闲暇顾及。他说："我恨这个哥特风格。设计一扇窗户比设计两座房子还要麻烦。"所以，他派他的学生去研究这个麻烦的风格并收集样品。老普金因而成了哥特设计的权威。遇到困难的建筑师经常向他求助。甚至有记录记

122

---

1 本章的事实大部分取自费里的《奥古斯特·威尔比·普金传》。该书包含安排散乱的大量信息。这部书之后，又有米歇尔·特拉皮斯—罗麦克斯的《普金》(席德与沃德出版社，1933年)。该书增补了许多有用的素材，包括普金作品的列表。但是这部书更关注天主教徒的普金而不是建筑家的普金。我或许低估了普金的两位恩主——舒兹伯利伯爵和安布罗斯·马奇—菲利浦斯——的作用。亦参见丹尼斯·格温的《舒兹伯利伯爵，普金和天主教复兴》。建筑方面，有文章讨论普金的两处家居。两篇文章都发表在《建筑评论》上。一篇是约翰·派珀关于圣玛丽庄园(第98期，1945年，第81页)。另一篇是约翰·萨莫森关于拉姆斯盖特的圣奥古斯丁(第102期，1948年，第163页)。

载乔治四世派来皇家大厨维尔默先生，向他学习如何将皇家餐桌装饰成真正的哥特风格。他因我前面已经提到的多卷本的《样本和实例》获得声誉，虽然书中的插图几乎全部是他的学生画的。他也因与罗兰森合作出版《伦敦缩影》而名垂千古。因为这些成果，老普金今天比他儿子名声还大。[2]

　　我们不必详细讨论普金的儿童时期。有才气的人，在他们人生的那个阶段好像都大同小异：同样的孤独的学校生活，同样的暴躁性情，同样的前途无量的预兆。普金最早的素描收藏在大英博物馆，与其他神童的涂鸦相比，看上去好坏差不多。对我们来说，他的生活无足轻重，直到1826年。那一年，他的素描天分和他对哥特建筑的挚爱已经变得非常明显。他测量过罗切斯特城堡，不顾安危地悬在护城河之上，并且为他父亲的《诺曼底古建筑样本》画了许多插图。翌年，有人看到他在一位金饰作坊主身边临摹丢勒的雕刻，[3]他受雇于此，为他们设计教堂金器皿。他同时为另一家商号设计用在修复后的温莎城堡里的新家具。城堡是普金深恶痛绝的自由式放山庄园的风格。他日后写道："任何人如果能在一间现代哥特的屋子里滞留一段时间之后逃离而不受其中某些细部的伤害，那么应该认为他非常幸运。"他发表过这样一间屋子的素描，屋里看上去确实极不舒适，椅子布满尖刺，脚凳甚至都有卷叶饰。普金说："我本人几年前为温莎城堡设计家具时就犯过同样的罪过。"[4]

　　正是在为温莎设计时，普金与乔治·戴斯成为朋友。费里这样

123

---

2　在1949年难以令人相信；但在1927年却是绝对真实的。任何想买A. N. W. 普金的书的人都记得。

3　荣岱与布里奇先生，皇家金匠。教堂金器皿的五个设计图现保存于维多利亚和阿尔伯特博物馆。其中四幅上有签名"A. 普金，创作于1827年，J. C. 布里奇"。这些设计图不合我们的趣味，但表现出上好的水准。

4　参见《真实原则》，第35页。

描述戴斯："一个地位低微的人，从事过多种职业，曾受雇于柯芬园剧院，在夜班舞台布景管理层任副职。"估计这是一个体面人描述与剧院有关系的人的唯一途径。但是，戴斯似乎是一个颇有魅力的人，因为他点燃了严肃而勤勉的普金的舞台激情。伯爵的旧宅整个一层被转化成一个模范剧场。普金在柯芬园工作了整整两年，创造出各种设施以增强那些以中世纪为背景的歌剧的舞台效果。他于1831年获得成功。那一年，他的舞台设计恰如其分，华丽斑斓，使歌剧《肯尼华特城堡》大获成功。

那些年里，这个躁动而充满激情的年轻人似乎想尽了一切办法让父母担惊受怕。他与舞台的瓜葛已经让他们遗憾，而正当这种联系达到顶峰时，他突然又对航海产生了激情。他说："活着就为基督教建筑和一条船。"他买了一条渔船。费里称他生命中的这个阶段是"接触社会底层的恶果。不难想象，他到目前为止的生活给父母和朋友带来了巨大的痛苦和焦虑，特别是对修养极高的父亲来说。有一次他遇到一位朋友时痛苦地抱怨说：'愿上帝保佑我的灵魂。今天早晨我遇到我的儿子奥古斯特，看他把自己打扮成一个普通水手，肩膀上背着一桶从圣邓斯坦水站取来的水'"。很明显，他穿着古怪，而且一生如此，但是与社会底层为伍却不对他的脾性，因为他痛恨啤酒和烟草。更令人不安的是他经常在北海上突然失踪。最后，他终于在利斯附近搁浅。在经济拮据身无分文时，他求助于一位爱丁堡的建筑师格雷斯匹·格雷厄姆，后者迫使他做出回到建筑业的保证。普金遵守了自己的诺言，但最初灾难接连不断。他开了一家哥特雕刻公司，结果公司破产，普金因债务坐牢。一位富有的婶母将他赎出。出狱后，他旋即结婚，娶的是换布景的老朋友的女儿。[5]妻子不幸去世,普金悲痛欲绝。一年后,仍然不到21岁时,他再次结婚。

1834年是普金一生的转折点。有很长一段时间,普金对英国国教越发不满意,他去西部郡县访问一圈回来后对清教教士的冷漠痛恨至极。在与朋友奥斯蒙德的通信中,他描述这些教士对美无动于衷,吝啬小气,对那些最可耻的修复沾沾自喜。他在信中写道:"我向你保证,经过细心而公正的调查,我已经彻底相信只有罗马天主教才是货真价实,只有在其中才有望恢复教堂建筑庄严崇高的风格。有一座极好的礼拜堂正在北方修建,当这座礼拜堂完工时,我肯定要背叛教义。"那一年,他真的做到了。

朋友和敌人都一致认为他的背叛可以追溯至他对基督教艺术的热爱,而普金本人也从未否认这是他改变信仰的首要原因。费里认为这个动机尚不充足,他做出各种笨拙的努力为此辩解。自然还有其他原因,其中之一是普金的母亲,她的清教信仰在她充满激情的儿子身上起了反作用。但是,对我们来说,对美的热爱以及坚信美的东西源于生活方式和脾性,用这个原因解释他的转变比任何其他原因都好。

普金转变信仰的后果比我们现在所能想象的要严重得多。当然,任何狂热对于体面人来说都是令人厌恶的。此外,他们不知道罗马天主教控制着什么邪恶的机关。宗教审判仍然令人毛骨悚然,像床底下藏着的魔鬼。和普金单独坐在一节火车车厢里的一位夫人看到他在画十字,大叫:"你是一个天主教徒,先生!保安,保安,让我出去。我必须换一节车厢。"普金当然清楚他牺牲了多少受雇的机会,而且他肯定知道没有得体而唯美的教堂活动能够平衡他的

125

---

5　费里只说她是"戴斯的孙女"。

损失，因为那时的罗马天主教徒都在简陋的聚集场所参加祷告。普金说："怎么能在这种地方庆祝神的荣耀？"然而，总体上说，他的背教并没有让他承受太大的损失。在他的一生中，他总有干不完的工作。新近通过的天主教解放法案带来了对新的天主教教堂的需求，而且有一段时间，最重要的教堂建造工作都交给他去完成。改教前，他见过天主教的舒兹伯利伯爵，此人在普金一生中一直对他慷慨大度同时又能长期忍受他的折腾。

普金也从英国国教接受佣金。[6]如果说他有时被一些比较固执的新教徒拒绝，我们也不能完全指责他们，因为他很少迁就他们的感情。贝利奥尔学院校友会有时受到非议，说他们出于普金的宗教信仰拒绝让他重建校园的立面。[7]但是四年前，他们提出的殉难者纪念牌的倡议招来了普金尖刻的抨击，他在文章中指责这些改革者是"卑劣、亵渎的骗子，假装受到神的启示，实则推销虚假的教义"，并指责那些无辜的赞成者是"下作的诽谤者、暴君、篡位者、强盗和骗子"。我认为我们不应指责贝利奥尔学院校友会。无疑，宗教情感不应左右对建筑的批评，政治也不应该。但是在今天，一个布尔什维克建筑师如果将普金的语言用于富人身上，他在牛津找到工作的机会同样是微乎其微的。[8]

很难将普金一生的事件进一步压缩，我们只能做一个时间表。1833年，他为自己在索尔兹伯里附近建了一座奇特的哥特式的房子。转年，他的大部分时间都用于旅行和宗教信仰的改变。然后，

126

6　他的影响甚至超越罗马。参见F. J. 乔布森的《适用于非国教的礼拜堂和学校建筑》。这部书完全建立在普金原则之上。

7　我的朋友，贝利奥尔学院的罗杰·迈纳斯先生，最近发现了普金为该学院画的草图原件，以及一小本素描和描述，钉在一起，带插图，像一本中世纪的祈祷书。这显然是普金作为样本递交给贝利奥尔学院校友会的。这是普金的热情的一个可悲的实例。

8　或许在1927年是真实的，在1949年却不是。

1835年，一系列有关设计哥特家具和各种形式的金属作品的书开始从他的笔端泉涌而出。[9]在同一年，他写了《对照》，这是关于他改变宗教信仰的第一个超凡的成果。他找不到哪家出版商愿意出版这样一部爆炸性的作品。1836年，普金只好自费出版，结果经济损失惨重。但是该书为他赢得了名声，礼拜堂、教堂、校园和私宅的订单纷至沓来，普金来者不拒。他还设计了许多不收佣金的活。只要有人建议这里需要建一座教堂，那里需要建一个校园，他会立即画出一卷详细的草图。同时，他笔耕不辍。1837年，他被奥斯科特学院聘为建筑和教会古迹教授。他的课堂讲义重新出版，书名为《基督教建筑的真实原则》(1841)，此后他又出版了《申辩》(1843)和《教会饰品和服装词汇》(1844)，后者是一部学识渊博的书，一个用功的普通人花好多年才能完成。然而在这段时间里，他设计了十几座教堂，其中包括索思沃克的圣乔治大教堂。他还把家从索尔兹伯里搬到拉姆斯盖特。在那里，他不但盖了新家，还为自己建了一座私人教堂，起名圣奥古斯丁教堂。他后来认为这是唯一让他满意的作品。

在这座奇异的修道院一般的住宅里，他像在噩梦中那样勤奋工作。他从来不用助手。他说："一个助手！在我这里干不到一星期准得丧命。"他的唯一消遣是读（还有写，我的天！）关于神学及教堂礼拜仪式的书。还有一场猛烈但体面的婚姻风暴。风暴平息后，他娶进了第三任妻子。但是，对于一个被魔鬼附体的人来说，[10]人类似乎是实现理想的蹩脚工具。而对普金而言，人类似乎是通往重建哥特建筑的障碍。在圣奥古斯丁教堂，他可以穿上天鹅绒大氅，使自

127

9  同一年，他开始了与巴里的交往。他们之间的关系异常复杂，容我下面详述。
10  我现在意识到鬼魂附身是事实，不该使用这个短语，除非我脑中想的是布莱克的《天堂与地狱的联姻》(1949)中的魔鬼。

己与世隔绝，像那些他崇拜的僧侣般的建筑师那样工作。或者在他的疯狂的渔船里，无帆漂泊，他可以实施他准确而繁复的设计而不受与人交往带来的戾气。这才是他的最佳境界。

1851年，普金受命为大博览会布置中世纪宫廷。他已经在超负荷工作，也非常不适于这项涉及各种委员会、政府官员，并且需要协调众人的工作。和这些愚蠢而冷漠的公共群体打交道带来的精神压力使普金变得易怒。他的信件显露出比以往更甚的暴力倾向。有一次或两次，他有过危险行为。但是无人能限制他疯狂的勤奋，也不能让他冷静下来。1852年春季，他经受了一场精神崩溃。到夏天，他明显失去了理智，被转送到疯人院。9月14日，他去世了。

普金去世时只有四十岁，但他的医生说他完成了一百年的工作。在这一百年的工作中，几乎有一半，而且是他最成功的一半，都是匿名完成的。我已经说过，在议会大厦的细节和实施过程中存在一个有争议的问题。让争议死灰复燃鲜有益处，但是我在此必须这样做，不但因为真实情况似乎是无可争辩的，而且因为整个事件最能表现普金的性格。

巴里去世后不久，爱德华·普金发表了一篇文章，宣称这座伟大建筑的成功主要归功于他的父亲，而不是巴里。不幸的是，为了真相，巴里的儿子出面回应了他。这场争论因为卷入家庭纠纷而变得龌龊。一篇篇文章和愤怒的反驳文章，雄辩和人身攻击的利刃都卷入进来。然而到头来，和往常一样，我们无法避免得出一个温和的结论：双方都错了。因为双方都假定，如果一方对了，那么议会大厦就没有反方丝毫的功劳。然而很明显，一方完全可以承认另一方的贡献而不使自己的名声受到丝毫损伤。区别在于，普金确实承认了巴里的贡献,而巴里对普金的贡献却缄口不提。

普金说:"我不可能画出这样的设计图纸。那是巴里的。他擅长这种工作,非常杰出。这份设计图纸所代表的各种要求,而且最主要的是艺术委员会的要求,所有这一切我是无法胜任的。"有一次乘船路过议会大厦时,他对朋友说:"全是希腊式的,先生;都铎的细节安置在一个古典躯壳上。"这两句话很有说服力。只需要考虑一下建筑的整体设计:强制性的对称,假窗和无数不自然的东西,我们就会看出这样的建筑违反了普金的每一条原则,一定会让他痛苦不堪。或许可以说普金不可能想象出来这样一个宏伟的设计蓝图。说"这座建筑的每一个艺术优点主要归功于普金",这显然是错误的。[11]

当我们把设计让给巴里时,我相信我们可以说议会大厦看得见的每一英尺都是普金的作品。普金的支持者在此提供了非常蹩脚的证据。但是,这一点是没有争论余地的。

首先,我们有风格上的证据。巴里的教堂,特别是设计于老议会大厦烧毁前一年的伯明翰的爱德华国王学校,是最单调、最空洞的教堂建设委员会的哥特式,它不屑在垂直式细部上多费任何功夫。在那些年里,普金出版了一部关于设计的书,关于一座想象的学院的设计。当我第一次看到这些设计时,我以为它们是议会大厦的素描,虽然实际上这些设计是在旧楼烧塌之前做的。假如有人提出反对说,风格上的证据总归不过是言人人殊罢了,我们还有日记。日记证明在大火之前,普金在为巴里打工。大火之后不久巴里造访普金。第二天,普金笔记本上有一段记录:"为议会大厦熬夜。"巴

---

11　参见罗伯特·戴尔的《谁是议会大厦的建筑师? 旧争议的新发现》,《伯灵顿杂志》,1906年3月。下面的许多叙述取自这篇文章。(太过分,戴尔不可靠。——1949年注释)

130　　里的设计被采纳，从1836年9月到1837年1月，普金日记的每一天
都有提到为议会做的设计。1837年有一段间歇。普金已经出名，忙
于自己的事务而不再是巴里的捉刀。在这段时期，我们找到巴里写
的信，恳请普金助力。在1844年，他表示希望面见普金，"商讨做出
一个令你满意的永久性安排"。最后，普金让步，他被任命为木刻
总监。

　　草图上的证据也同样无可争议。找不到任何一幅巴里画的正
视图草图。他的支持者被迫宣称巴里把草图都销毁了，而且普金
的草图或者是抄袭巴里的，或者从来未被采用。最终，阿尔弗莱
德·巴里发现一幅王位屋子的草图。他坚称这幅草图毫无疑问是
他父亲的。这幅草图是普金的风格，而且署名也是我们熟悉的名字
首字母A.W.P.。我们的信念也不必为阿尔弗莱德·巴里的坚称这
个首字母代表威尔士王子阿尔伯特所动摇，因为在那个时候，王子
尚未出生。[12]

　　不幸的是，我们不能出示信件上的证据。巴里宣称他总是把
信件销毁，但是令人纳闷的是，普金的五封信却被保存下来。这是
1844年的五封信，在信中普金写道，因为自己的生意太过红火，拒绝
延续和议会大厦的捉刀关系。关于巴里写给普金的信，有一个更加
离奇的故事。这个故事最先出自普金太太之口，它的真实性或许可
以存疑，但后来得到其他文件的证实。1858年，一部普金传记计划
出版。自然而然，查尔斯·巴里爵士被咨询并被问到一些关于议会
大厦建造的细节。查尔斯爵士答道："我亲爱的伙计，没有细节。哪
里有什么细节？"对此，普金太太声称她最近发现一批查尔斯爵士
131　　在1835—1836年写给她丈夫的信件。查尔斯·巴里爵士喊道："我

---

12　或者，如果草图属于第二普金组，那么王子当时2岁。

的天！我以为他把我的信都销毁了。"最终，他邀请爱德华·普金先生共进晚餐并请他将信件一起带来，以便他们共同浏览。普金先生履行了诺言。但是整个晚上，信件的事一直没有提起。但是在他们离开时，查尔斯·巴里爵士说："哦，对了，那些信你带来了吗？"普金先生答道在他的外衣口袋里。巴里说今天太晚，没有时间一起浏览了，并且问是不是可以把信件留给他。爱德华·普金将信留下，从此就再没见到那些信件。

　　我承认我不知道如何解释这个故事。就事论事，这个故事太显戏剧化，体面的建筑家不会用虚假的借口将同事的信件搞到手，为了将它们销毁。然而，信件确实交给了巴里，尽管普金一家请求、要求和抗议，这些信件终究未被退回。我估计它们丢失了。

　　真实情况是巴里运气不佳。一座大型而复杂的建筑所牵涉的工作难免要超出一个人的能力。因而，巴里完全有权找人捉刀代笔。在1835年，他没有必要承认他的工作是一个相对默默无闻的年轻建筑师替他做的。但是当这个捉刀人走到前台，摇身一变成了一位著名建筑家，他的天才得到广泛承认时，他们的关系变得困难了。或许，巴里过于小心谨慎，虽然他私下里表示过感谢，却没有尽力把普金的责任公之于众。所有参与者都为这个无礼的叛教者多少感到耻辱，这个傻瓜干了十个打瞌睡的人的工作，还让他们把自己的功劳据为己有。

　　普金似乎并没有记仇。他的愤懑是针对整个世界的，他的心里没有留给抱怨巴里和委员会的空间。但是对于巴里，这个合作关系一定比较尴尬。每到关键时刻，普金总要突然消失。据称他的渔船装满了面包、水、纸笔和刻板。接着是几个月——大概是天气恶劣

132

的几个月——杳无音讯。然后，突然间，他又重新出现，穿一身不伦不类的水手服，大步迈进巴里的办公室，腋下夹着一卷精美的草图。

我这样不厌其烦地讨论这个乏味的争论，是因为在普金的一生中没有什么比这件事更能将他活生生的个性暴露无遗。"谁是议会大厦的建筑师"这个愚蠢的问题早已被人遗忘，但是我们应当记住这座伟大的建筑表面的每一英寸，从里到外，都是一个人设计的：每一块嵌板，每一张墙纸，每一把椅子都发源于普金的大脑。他最后的日子是在设计墨水瓶和雨伞架中度过的。[13]

议会大厦是我们可以称之为伟大的第一座新哥特建筑。在利物浦大教堂建成之前，它一直是催生这场运动的最庞大的建筑。知道这里面包含了这么多普金的心血，让人感到高兴。这种感受越发强烈是因为他的建筑大部分正在消失。即使将他当时的工作环境考虑在内，我们也很难在普金的教堂里意识到他在文字里尽情展现的天资。"我可以真切地说在我经手的每一座建筑中我绝对是在驱使自己去自杀。而我有明证，这些建筑只实现了我的设计的影子而已。真的，假如没有上帝的恩典允许我建起圣奥古斯丁，我看上去会像一个言行不一的人。"[14]这一抱怨中有一些实情。在普金最好的建筑中，有一些因资金缺乏、条件苛刻或建造速度过快而受到损伤。而更严重的是缺乏传统，普金显然意识到他需要理解旧形式的工匠。在前一章中我们已经看到，对于工艺的复兴，他比任何其他人都更负有责任，不仅通过他的草图，还通过在工匠心中激起的热情。进入普金工作室的人，看到他"手里只拿着一把尺和一支粗铅

---

13 这些物件的草图仍在普金·鲍威尔先生的收藏中。普金的议会大厦设计图的一小部分（八个大文件夹）现存于维多利亚和阿尔伯特博物馆。其中一些是鲍威尔在普金的指导下完成的。
14 《关于〈漫游者〉杂志里的文章的评论》(1850)。罗斯金在《威尼斯之石》第1卷附录12中引用并抨击了这个小册子里的相似的一段。

基督教建筑的现代复兴
取自普金的《中祥》

1856年吉尔伯特·斯科特特提交的外交部新楼招标设计

笔,不停地讲述着各种奇妙的故事,时而爆发出一阵笑声",[15]无不多少沾染上一点他的中世纪激情和全身心投入的火花。但是,当年把滴水兽造得如此狰狞,把圣人造得如此超凡绝尘的那种内在推动力已经力所不及。即使在普金自己的素描中,这些人物也显得呆板,刻工实施之后,就更显得了无生气。当魔鬼从哥特细部消失时,圣人也失去了一半神性。

最后,还有一条简单的事实:他的最好的建筑大部分都建在最需要的地方,也就是工业区。我们很难欣赏被肮脏破旧环绕着的哪怕是最令人尊敬的建筑。很少有人能在想象中透过黑煤灰的玷污再现普金当年的华美,或者看见肮脏污垢后面拔地而起的教堂尖顶。

"但是,如果时光重来,给我一个机会建一座教堂,不受羁绊,有足够的资金,我将能够建起这样一座教堂,在效果、真正的经济实惠和方便利民这几个方面甚至让《漫游者》的人(普金最顽固的反对派)也都对尖顶建筑满意。"[16]看着那些他自己认为相对成功的教堂,我们对此持怀疑态度。甚至他最喜欢的圣奥古斯丁教堂都动摇了我们的信念。石工技术非常坚实,整个建筑也无懈可击,但是它缺乏哪怕是最简单的传统教区教堂经常表现出来的那些特性。它没有丝毫平静感,更没有伟大建筑带给人的那种心动。外表没有特色,内部拥挤不堪;分区没有相互协调,比例不对称。普金缺乏一个伟大建筑家的基本素养,他不是用体积去思考,他的奇妙梦境没有派上用场,因为他的梦不是三维的。"我的一生都在思考美好的东西,研究美好的东西,设计美好的东西,实现的却是劣质的东西。"事实如此,但不是普金所说的意思。

134

---

15  参见《巴里传》,第196页。
16  参见《关于〈漫游者〉杂志中文章的评论》。

普金本质上是一个梦想者和一个设计者。因此,研究他的建筑不应该研究他所完成的建筑,而应该研究他精美的蚀刻画。这些画和同时出版的他自己撰写的富有鉴赏力的评论构成了他晚期出版物的主要内容。我们必须用一种特殊标准来评判这些画,它们的目的是激发想象而不是传授知识。对其中的许多,我们无法做出建筑上的评判,因为即使我们忽略不计绝好的天气(建筑画大部分表现好天气),这些画的细部也不够具体,我们对建筑材料也一无所知。看一看普金的《申辩》一书的卷首插图,它表现了22座教堂和礼拜堂。这些都取自他本人的作品,[17]安排得像一座哥特式新耶路撒冷城,背景是冉冉升起的太阳。[18]这幅画的戏剧效果(主要通过巧妙地掩盖阴影而获得)非常强大,高耸的尖顶让我们思绪飞扬,超越建筑的细节,伸向远方的乐土。如果我们在地上,行走于这些建筑之间,其效果不会这样美好。虽然有人会提出异议,认为这幅插图不是一个公平的例子,因为它本身的目的就是象征性的,而非指导性的,但是这一点在其他设计中也是一样。唐塞德修道院和莱斯特郡的圣伯纳德修道院[19]都是给人留下深刻印象的建筑。从周边的山坡上看过去,它们宏伟的背景显而易见。不幸的是,看不到细部。

135

然而,即使存在缺陷,这些浪漫景色体现了真正的哥特精神的想象力和知识,这在复兴进程中是前所未有的。要真正欣赏普金的想象力和知识范围,我们可以从他严格而坚固的圣伯纳德修道院转向他在阿尔顿设计的一座医院。这座医院朴素而充满魅力,像一座

---

17 然而,这幅插图的标题仅仅是"基督教建筑的现代复兴"。
18 我至少认为是升起。我最初写的是"下降",因为我们在正常情况下是从东面看位于中心的建筑。
19 《现状》插图13和插图7。已经为唐塞德修道院准备了详细的设计图,石料已经采集好,但没有进一步的行动。圣伯纳德修道院则几乎完工。

小型的牛津学院。没有任何人具有他这样的能力，可以让设计看上去既自然又牢固。他的建筑从来不是古董。在他的建筑中，他遵循自己的格言："建筑技术为表现所需的结构服务，而不是用借来的特征将其掩盖。"如果普金书中重现的只是这些建筑的外表，我们会惋惜时代剥夺了我们一位伟大建筑家的机会。

但是，令人不快的是，普金的《教会建筑》一书中有许多插图是建筑内部的，而且许多篇章都是关于内部装饰的。普金的建筑内部的糟糕令人吃惊，因为如我所述，他主要是一位设计师，他创造装饰物就像一阵风将云朵吹成千奇百怪的形状那样容易。他的那些有关金属造件或者刻板图案的出版物证明他的创作是多么成功。甚至他最严厉的批评者也称赞他的细节。罗斯金写道："不要从他那里指望大教堂。但是目前为止没人能设计出更好的尖顶饰。圣乔治西门上面的那个就美得超乎寻常。在拱基的支撑人物中有一种栩栩如生的顽皮和尾巴的扭动。"[20] 但是，在这些细节的使用上，普金表现出了他最弱的一面。这不是因为他偏向繁复而非简洁，因为繁复或简洁本身并不一定是灾难性的。但是，在两者之中，繁复更危险，因为它需要更高的工艺标准。未经协调的简洁只是苍白和负面的，而大量未经协调的细节则给人一种浪费劳力的挫败感。普金不能将细节组织在一起，而且他对细节的喜爱也不纯粹是建筑上的。他是那种具有真正宗教情怀的人。对于这类人，仪式能产生一种感官的愉悦。仅仅提及教堂设备的名称对于普金来说就像是对美食家提到名酒一样，只要这些名称从他嘴里说出来，一切争论便已失去意义。"圣水盆盛满水；圣坛屏高高架起；圣殿内灯火通明；圣像在玻璃窗内闪耀着光芒；圣衣挂在橡木壁橱内；法衣箱里放满

136

---

20 《威尼斯之石》，第1卷，附录12，论天主教现代艺术。库克，第9卷，第436页。

刺绣长袍斗篷；圣像牌和圣油瓶，香炉和十字架也都在。"[21] 正是这种精神支配了普金大部分的教会建筑，而这种精神在其他哥特复兴建筑师中找到了灾难性的共鸣。如果我们看到普金几乎所有建筑的内部，我们都会震惊于它们的墩柱和券拱的脆弱，特别是屋顶的粗制滥造。因为这些，我们很难在圣坛屏的模糊的装饰上找到任何补偿，更别提我前面引用的段落里成堆的花哨财宝。他的同代人中有几位也有同感，并指责他"为了装饰他的祭坛，饿着他的屋顶树"。[22] 但是对于许多人来说，这种丰富的装饰才是他作品中最重要的部分，也是最有影响的部分。普金的华美立即有了模仿者；他的建筑原则直到他死后很久才在复兴中起作用。

在弗格森的《现代建筑历史》一书中有一条邪恶的脚注，它总会让普金的崇拜者烦恼。"戏剧是普金真正的心灵所向，他最初的成功也是在改革舞台布景和装饰中取得的。终其一生，戏剧化在他的艺术分支中是他唯一彻底理解的部分。"我从前一直认为这是一段精妙的新教人士的嘲讽，因为这条脚注继续说道："它无疑看上去很美，但是作为新教徒，我们有权询问所有这些戏剧性的辉煌真的是基督教本质的一部分吗？"但是，我现在认为这是明智的批评。普金的蚀刻板以及灿烂的照明和准确安放的人物主要是为了戏剧效果。而且他的建筑属于怀亚特的布景绘画的老传统。我的观点，即他不用体积去思考，只是弗格森的评论的扩展。而且据我所知，他最为满意的设计是他在柯芬园时期制作的：一座想象中的大教堂，它那华丽而在现实中并不存在的塔楼不受引力定律的羁绊，拔地而起。

人们会问："为什么仅仅为了一幅布景绘画花这么多时间？"这个问题有许多答案。其一，我是按照普金希望的标准，也是最高的

---

21  参见《关于〈漫游者〉杂志中文章的评论》。
22  参见《教会建筑学家》各处。

标准，去评判他的。我没有将他的哥特与其他任何在他的年代甚至在他死后三十年间建造的哥特建筑相比较，而是与中世纪的哥特建筑相比较，而且在有些例子中——议会大厦是其中之一——它们是经得起比较的。如果用历史而非绝对的标准评判普金的建筑，我们的判断会非常不同。只需要想一想普金之前的普通教堂，我们就可以看出他的作品与那些先行者枯燥而虚弱的建筑相去甚远。他的教堂比例不够好，但它们是坚固的；他的饰件缺乏生气，但至少他理解饰件的重要性，而且在关于中世纪细节的知识方面至今无人能出其右。我们对普金的建筑比较苛刻的主要原因毕竟是它们没有满足他的文章所带给我们的期许。普金是哥特复兴的双面门神，他的建筑往后，面向如画的过去；他的文章向前，面对道德的未来。

　　普金在1836年左右写道："哥特建筑的机械部分已经基本搞清楚了。但是关于影响古代建筑结构的原则以及出现在所有以往作品中的灵魂，却令人遗憾地匮乏。而且，正如前面所述，要想重新获得任何东西，必须通过恢复古代的情感和趣味。这是恢复哥特建筑的唯一途径。"在这些文字中，普金初次表述了改变哥特复兴进程的思想，它们至今仍影响着我们对建筑的评判。对于我们来说，这样一个明显的真理在此之前一直没有被用在哥特建筑上，简直是匪夷所思。或许类似的观点的确埋藏在哥特和古希腊之间卷帙浩繁的争论之中，但我觉得可能性不大，因为这一思想是有悖于18世纪的艺术理论的。当时的人们认为，只要掌握了足够的技术和知识，开化的人类可以做任何事情。那些掌握了帕拉第奥的教诲的人可以易如反掌地采用野蛮人的建筑风格，甚至加以改进。标准的艺术批评作家——亚里士多德、朗吉努斯和贺拉斯——都将艺术描绘为某

138

种从外部强加的东西,把风格看作一种与社会有机地联系在一起的
东西,一种不可避免地产生于生活方式的东西。这种思想,据我所
知,并没有出现在18世纪。当然,到了普金时代,文学中的浪漫主
义运动早已获得成功并且建立起了自己的批评标准,但是在建筑领
域,人们仍然假设哥特是一种可以像其他任何风格一样被采用的风
格。普金写道:"它被认为适用于某些目的,例如忧郁,因而适用于
教会建筑!!! 那是一种建筑师应当熟悉掌握,以便取悦恋旧人士的
风格。"[23]

　　正是为了反驳这种观点,普金写道:"建筑的历史就是世界的历
史",[24]当他转向同时代的作品时,他看到了每一位严肃对待建筑的
作者日后都能看到的:"我们时代的建筑——假设都建造得足够坚
固——能够传给后人某种关于建造系统的线索或指导吗?显然不
能。我们的建筑不是现存观点和环境的表现,而是一团乱糟糟的风
格大杂烩以及从各个民族和时代借来的象征符号。"[25]此外,他认为
能够采用任何风格以适应顾客需求的建筑师,就像能够采纳任何教
义的牧师一样,不值得尊重。好的建筑取决于社会条件和建筑师的
信念。

　　从这条基本真理,普金得出一系列推论,有些值得赞叹,有些则
会造成灾难性的后果,而它们全都非常有影响力。其中最重要的出
现在1841年给奥斯科特的圣玛丽学院的讲演中,[26]这一讲演随后以

139

---

23　参见《申辩》,第2页。
24　同上书,第4页。
25　同上书,第5页。
26　事实上,《真实原则》发表于1841年,代表1837年后普金在奥斯科特课堂讲义,那一年普金
　　被聘为建筑教授。这个准确的日期有一些意义,因为普金关于哥特建筑的理论包含在阿尔
　　弗雷德·巴塞洛缪的《实用建筑规范》一书中。这本书出版于1840年且被广泛阅读。参见
　　乔治·佩斯的《阿尔弗雷德·巴塞洛缪:功能哥特式的先驱》,《建筑评论》,第92期(1942
　　年),第99页。

《尖拱或基督教建筑的真实原则》为题发表。他是这样开始的："设计的两条伟大规则是：第一，在一座建筑中，全部特征都要满足方便、构造或得体的需要。第二，全部装饰都要为该建筑的基本结构服务。"

很容易看出这两条原则是如何可以用来将普金之前的整个哥特复兴摧毁的。用第二条原则——当然这一条的重要性略差，而且经常包括在第一条里面——他抨击了维多利亚时代哥特家具梦魇般的世界："炉围像带城垛的胸墙，两侧各有一扇门。拨火棍顶端是一个尖锐的尖叶饰，火钳的顶部是一个圣人塑像。"[27] 他还复制了格雷为沃波尔找到的同类墙纸，上面布满壁龛和尖顶，以及用透视法画的门口。他还提到带反向交叉拱的哥特地毯。他建议用中世纪的毛面壁纸和坚固实用的家具取代这些稀奇古怪的东西。他说："在日常用具方面，人们得花很大气力才能做出坏东西。"[28] 在这一点上，他走在威廉·莫里斯前面。他的《花卉装饰图案》一书所包含的思想在罗斯金之前。一直以来，人们认为在作为上帝杰作的大自然里可以找到美的最高形式，甚至吉尔平也痛惜"艺术必须比自然多产，这种陈腐观念至今仍未被清除"。乍一看很难相信哥特饰件是由自然形式而来，但是借助古植物作品，普金能够辨认出一些古老设计的植物原型。他进而写了一本书，其中的每一个设计都是以一朵真正的花朵为原型的。在《花卉装饰图案》的原稿中，许多精致的小图片都有名字或编号对应于相应的植物研究作品。我们可以看出，普金是以一种罗斯金式的自觉意识来师法自然的。[29]

140

---

27  参见《真实原则》，第21页。

28  参见《申辩》，第15页。

29  古植物研究作品指《植物图谱》，法兰克福，1590年。普金的版本及《花卉装饰图案》的手稿属于普金的孙辈，E.普金·鲍威尔先生。出于他的善意，我获准对它们进行了比较。普金设计图的美丽色彩和微妙的笔触在当时粗糙的有色复制出版物中彻底失去了。

141

普金的第一条真实原则影响更加深远。它深刻地影响了我们对建筑的感觉，以至于我们对它浑然不觉。当普金强调地方材料和地方传统的重要性时，和孟德斯鸠一样，他似乎是在提醒世人那些被遗忘的老生常谈。我们大部分人都喜欢自己的建筑仿佛"成为自然本身的一部分，与它们所在的地方浑然一体"。[30]但是，普金的同代人在最无意义的异国情调中发现了一些有趣的东西。"所幸我们无法将建筑和那个国家的气候一起搬过来，否则我们将拥有最离奇的温度和天气的组合。在狭窄的摄政公园的范围内，尽是印度的酷暑、瑞士高山的严寒、意大利夏天难忍的热，偶尔还有小块地盘是我们本土的气候。"这真是交流太容易带来的可鄙的效果。

但是，对历史的轻松解读也同样致命，而普金之前的哥特复兴要为最坏的罪犯负全责。在放山庄园，无论是方便、构造，还是得体都没有得到遵守。在众多的城堡中亦是如此，"有多少吊闸不能放下，多少吊桥不能拉起来"。当时的哥特庄园或是帕拉第奥块垒堆砌外加石膏尖顶，或是设计成如画风格，"如此人工的自然，以至于到了可笑的程度"。普金说，只有师法自然，只有以诚实的努力去克服地方上的和建造上的困难，如画风格才会像一个无常的客人不请自来。把握住了这一点，哥特复兴就无须再局限于庄园和教堂，哥特就不再是一种建筑风格，而是最好、最简单的建筑方法。"在伟大的城市里，有纵横交错的下水道，送水、送气的管道，没有任何道理不可以用最一致又不失其基督教特性的方法将其建设起来。每一座建筑都用自然法则处理，没有虚伪和遮掩，这样的城市不可能难看。"[31]为了这些思想，我们应当感激普金。没有人会认为这里面包

---

30　参见《真实原则》，第46页及后，包含了这里及后面引用或释义的段落。
31　例如，《真实原则》，第16、17页。

牛津博物馆

城镇对比，1440 年的天主教城镇

取自皮金的《对照》

同一个城镇，1840 年

奥沙在工作

含了好建筑的全部秘密。关于这些思想的反对意见，甚至更多能说的，都已经被杰弗里·斯科特先生说尽了，我无须在此重复。普金本人也清楚地知道有一种美是不能用任何原则来解释的。而且他的作品充满各种魅力，只能用纯粹视觉的标准去衡量，斯科特先生称之为"人文价值"。我们可以怀疑"用自然的、没有虚伪和掩饰"的方法处理现代工业区必然会产生一座伟大的城市这一想法的可靠性。在其他许多实例中，特别是在城镇建筑中，他的原则并不适用。但是，说这些原则不过是谬误则是故意找碴。这两个建筑原则可以与盆花下地和草本花境两个园艺系统相比较。[32]贯彻这两个系统都可以获得成功。为取得形式效果，第一个系统更可取。但是，作为一种原则，它是危险的，它太依赖于园丁的口味，而且很快会陷入自负和单调。而草本花境即使处于最荒芜的状态，也保有一些新鲜和自然的多样性。普金是第一个为草本花境原则辩护的人，他对哥特复兴的重要性显而易见，只要我们记住正是在这一原则的基础上哥特才得以生长，也只有在此基础之上，哥特才得以复兴。

　　下面三章将进一步论证他的影响。但是，一个这样鲜为人知的人却真是如此重要吗？这实在是令人难以置信。既然如此，我们有必要引用一个具体的实例，来看一看他的同代人的观点如何。我选择的段落来自吉尔伯特·斯科特的文章，他或许是整个复兴阶段最具代表性的人物。他说："普金如雷贯耳的文章将我从睡眠中唤醒。我清楚地记得他的一篇文章在我心中激发的热情。那是一个夜晚，我正在出游的火车上，那是火车交通刚开始的头几年。从那一刻开始，我变成一个新人。十五年来，我只是为爱而劳作。现在我的努力成为一种工作，一种目的，一种我生命中梦寐以求的目标。除了

右侧页边：142

---

32　参见《泰晤士报文学副刊》，1927年2月17日。

143 哥特建筑的复兴,我对其他任何艺术都失去了兴趣。我不认识普金,但是他的形象在我的想象中就好像我的守护天使,而且我经常梦到我和他相识。"普金的影响没有与他的同代人一起消亡。从罗斯金到杰弗里·斯科特先生,他的思想构成建筑批评的基础。

持怀疑态度的读者惊讶于这样的颂词,或许会问为什么普金的名字被遗忘了?原因并不是他文笔差。通常,先知的外罩会闷塞话语,我们只好在浑浊的词语中漫无边际地找寻真理。但是普金文笔清晰,可读性极佳,我的引文不能充分表现他的意象的活力与丰富。我们很容易找到他被遗忘的其他情境。首先,他是一个英国天主教徒。在这类人的成果中,一层宗教争议的薄云往往会罩住大片肥沃的土地。其次,他的思想被另一个人承接,这个人的头脑更加广博,更加适合担任预言家的工作。如果没有罗斯金,普金的名字将永远不会被遗忘。再次,令人沮丧的事实是,普金的工作中包含着大量无稽之谈。在发现新的真理方面,普金伟大而富有创新,但是他对这些真理的误用更常见。他关于建筑与社会之间的有机联系的论述值得尊重,但这一论述在19世纪的应用却是灾难性的。一方面,它需要与哥特建筑的复兴协调起来。一个普通人会问,如果建筑必须源于某种社会状态,为什么中世纪建筑却在大博览会的世界里突然绽放呢?普金可能会提供一个熟悉的回答:"虽然我们宣称我们相信基督教教义,但是我们也以身为英国人而感到骄傲,让我们拥有这样一种建筑,它的布局和细部都会提醒我们注意我们的信仰和我们的国家。"[33] 他还声称"我们受到几乎与中世纪相同的法律和政

144 治经济体系的制约"。[34] 这种论点甚至连议会大厦的争辩者都不情

---

33  参见《申辩》,第6页。
34  同上书,第37页。

愿使用。

从这个论述中还可以推导出另一个结论,这一结论甚至更加不幸。如果建筑依赖于某种社会状态,那么社会状态越好,建筑也应该越好。普金和他的同代人无法从这一命题的言语逻辑中解脱出来,其应用也是显而易见的。基督教建筑必然要比古希腊建筑好得多,因为基督教比最好的异教信仰还要好。[35]

在中世纪人和普金无信仰的同时代人之间存在着更大的差别。在他的第一部杰出的著作中,普金试图表现这两个时代在建筑上相应的区别。《对照:或中世纪崇高的大厦与当代对应的建筑之对比,表现当代趣味之腐朽》,建筑家 A.威尔比·普金著,发表于普金改教三年后的1836年。然而,过分强调书中的罗马天主教成分是错误的,而且普金在此书再版时将其中狂烈的天主教语气缓和了一些。[36]在这本书中我们看到两个新思想的清晰表述,其中之一我们已经强调过,即艺术作品本质上是与社会状态相关联的。另一个思想几乎同样重要,因为它的确是一种关于中世纪的新观念。

当然普金之前有许多赞同中世纪的学者,而且有许多人喜欢讲述那个时代的伟人的勇气和虔诚。但是他们的态度,用最简单的话说就是浪漫主义。他们喜爱中世纪,因为那是一个遥远的、与他们的日常生活没有关联的时代。然而对普金而言,中世纪的生活不奇怪也并非不可能,而是唯一的好生活。他把那个时代的社会结构视作典范,当代社会应当按照这个典范改革,而只有当那个时代的虔诚和公益精神被重新建立起来,真正的基督教建筑才可能诞生。普

145

---

35　参见《申辩》,第4—7页。
36　在第二版。普金本人拥有的这一版现存于大英博物馆,里面包含一幅未发表的素描,题为《1839年的天主教堂》。教堂外表是仿造的埃及风格,内部廉价而花哨,挤满漫不经心甚至俗气的人群。

金的《对照》中的微小的插图包含了基督教社会主义和圣乔治公会的萌芽。

乍一看，这两个思想无甚大碍。其目的是要提供一个无偏见地比较建筑风格的机会。普金说："我希望人们认可我的比较是用最公正的方法进行的。"只有最后一个对比呈现出某种平衡，其中14世纪建筑（以一座教堂为代表），压倒了一众19世纪建筑——古典式立面和一堆塔楼由一个过于局促的盘子托着。[37] 渐渐地，当我们继续研究他神奇的蚀刻画时，我们发现普金是多么巧妙地将道德用作砝码。

至少在两个对比，城镇对比和穷人住宅对比中，道德目的表现得非常明显。不仅视觉美使得《1440年的天主教城镇》看上去美妙得多，而且每一个建筑物都有编号。如果我们参照《天主教城镇》的图解，我们会发现每一个数字代表一座教会建筑。在1840年的同一个城镇的图解里，有一些数字仍然代表教会建筑，但是与天主教的和谐一致有多么大的差别呀！浸信会堂、一神教堂甚至伊文思先生礼拜堂取代了圣阿勒克蒙德教堂、圣玛丽教堂和圣彼得教堂，原来圣波托尔教堂矗立的地方现在是社会主义科学馆。更有甚者，圣托马斯教堂变成了新监狱，万圣堂变成精神病院，圣玛丽修道院的所在地被煤气厂占据。在画图中，这种反差以非常巧妙的方法凸显出来——现代城镇直观的凶险气氛：监狱安排在前景，曾是塔尖林的地方成了烟囱林，以及最微妙的细节。只有经过几分钟的审视我们才能注意到圣人安息之地变成了娱乐场，新的纪念碑有围栏围着，铁桥上有一座收费站。在穷人住宅的插图中，道德音符或许越发尖锐。本汉姆的圆形监狱与圣十字学院形成有趣的对应。但是

146

---

37 在其中我们能够认出纳什的兰厄姆广场的教堂和约克公爵纪念柱。

现代的老板, 穿着高筒靴, 拿着手铐和棍棒, 看上去趾高气扬, 与温和慷慨的中世纪雇主相对, 显得过于尖锐。我们怀疑里面有多愁善感的成分, 因此将警惕性提高。道德暗示被更加精巧的手法引入了公共自来水管道的对照。一个健壮的年轻人随随便便地从丰盈的哥特泉水池舀起一杯甜水。但是另一侧, 一个警察把一个瘦弱的儿童从一个肮脏的现代水泵边赶走, 儿童手里拿着一个破铁罐(只有一滴水!)。而此时, 另一个警察正冷笑着在警察局门里踱步。实际上, 他的同事驱赶儿童完全没有必要, 因为水泵的把手绑在了一把巨大的铁锁上。

这19幅插图不全是这样明显地把天平往一边倾斜, 但是没有一幅为读者提供做出公正的建筑评判的素材。或许这样倒也好。在祭坛的对照中, 现代的高贵的嵌板比与之相应的过分讲究的哥特嵌板似乎更对我们的胃口。但是由于一种聪明的玩弄阴影的小把戏以及教堂家具不合比例地庞大, 结果却让我们倒胃口。那些被普金嘲弄的大部分街道建筑又开始风行。我们痛惜纳什的摄政街被毁坏, 然而我们没有在普金尚存的建筑中获得安慰。但是, 无论人们的趣味发生了多么翻天覆地的变化, 普金的技巧仍然具有不可抵挡的魅力, 他大量使用阴影和精心设计的细节以及那些啬蔷而可笑的19世纪建筑, 以使哥特显得丰富而坚实。他使用各种他能够支配的手段赢得了我们的心, 但是我们阅读他的《对照》不是为了让他用严格的逻辑或公正的论述说服我们, 而是为了开心, 而我们也确实达到了这个目的。古德哈特—伦德尔先生称其为所有关于建筑的书中最具娱乐性的。最高级形容词让人不舒服, 但是《对照》确实需要一个最高级形容词, 我也因此为自己被引诱偏离了讨论的主线

147

而找到一个借口。然而,《对照》的主旨毕竟也是我们目前最关心的,即艺术和道德之间的直接联系。好人建造好建筑。我们不得不羡慕那个时代的简单,他们可以在同一个句子中两次使用"好"这个词而无须事先为它下定义。

从《对照》我们可以确定用创作者的道德价值来判断一件艺术品价值的整个尝试的起始日期。普金还要为道德进入批评的另一个更加隐晦的方式负责任。他曾说过,一座建筑物的每一个特征都应该是其建筑过程所必需的,而且每一个建筑成分都应当坦白地显示出来。他对于为装饰而装饰,比如做一个假立面,深恶痛绝。他也反感隐藏重要的装饰特征,例如圣保罗的飞扶壁。在这些情况中,他似乎认为美的法则与道德是一致的,任何欺骗的尝试都会产生一座从建筑角度来说是可悲的建筑物。这一理论相当清楚,而普金本人也从未严格实行之。但是甚至《泰晤士报》的讣告中都包含这样的段落:"上世纪(指18世纪)和本世纪的建筑几乎很少有美的。这还不是最严重的指控,最严重的指控是它们完全是假的。是他(指普金)为我们指出,我们的建筑不但冒犯了美的法则,而且冒犯了道德律。"建筑应由两个独立的标准来衡量,一个美学的,一个道德的。道德标准高于美学标准。让普金为这种思想混乱负责似乎过于严苛。但是,我认为他是发起人。道德口吻充斥着他的全部文字。在谴责立面或假窗时,他使用诸如"卑劣的欺骗"或"可耻的虚假"这样的语言。费里写道:"或许普金最伟大的贡献在于他对建筑设计中的虚假系统不留情面的揭露。"

如此,普金为一个怪诞的系统铺上两块基石,而这个系统统治了19世纪的艺术批评,并且在《建筑的七盏明灯》中获得不朽:一座建筑物的价值依赖于其创造者的道德价值；一座建筑物所拥有的道德价值独立于而且高于它的美学价值。我们不应该将这种对道德的强调看成是维多利亚时代所特有的。在任何时代，当美学标准丧失时，道德标准会迅速填充这一空白；因为美学兴趣时涨时消，而道德兴趣则是永恒的。

　　普金的另一条原则也将对建筑产生影响。这条原则是他从一个简单的陈述推导出来的：一个建筑物必须表达它的设计目的。例如，一座教堂是为崇拜上帝而设计的。这个目的可以由两种方式表达出来：提供上帝崇拜所需要的一切安排；用象征表现基督教信仰。我们再一次在《对照》中找到了这样处理教会建筑的首例。在此之前，教会建筑委员会的教堂安排受到过批评，而且时而有关于哥特的象征目的的表述。但是普金对遵守传统形式的要求要严格得多，而且他的象征意义也远比过去发展得全面。他在自己的作品中给了与他所钟爱的教会仪式紧密相连的教会建筑学一个显要的位置。然而在这方面，与其他方面不同，他不能被视为首创者。对象征的需要在他开始大力宣传之前已经广为人知，而且教会建筑学并不是通过他的坚持才对建筑施加了令人惊讶的影响。

149

# 第八章

# 教会建筑学

"建造教堂最关键的要素是要严格遵守英国圣公会的礼拜规程和教规，而且要合乎标准而庄重地执行圣礼。"这些文字写于1840年。它们不是出自一个热爱仪式的罗马天主教徒之手，而是出于一个新教考古和建筑学者。二十年前，这样的文字不可能写得出来。在《绅士杂志》、《季刊》和其他杂志对新教堂的全部批评中，我没能找到任何教会建筑学的信息，这个词当时无人知晓。然而突然间，它到处出现。全国各地，人们挺身而出，带着非比寻常的激情，在各种会议上发言，讨论这个题目。各种小组也纷纷成立，研究这个题目。它为一个月刊提供专栏，它引发仇恨，造成终身迫害。因为这些激情冲击了哥特建筑，我们有必要探讨其根源。为此，我们必须回溯到那个与哥特复兴有着千丝万缕尴尬联系的宗教运动。

　　哈勒维教授致力于19世纪早期英国的研究，他的思路广博而公正。他发现这个时期被两个原则主宰着：一是实用主义，一是福音派。两者都自然地与英国国教相悖。一方面，布洛汗的实学推广社正在制造一种绝对的怀疑主义，将宗教形式和传统作为易于攻击的靶子。另一方面，那些同样蔑视形式的反叛人士只是感情用事，没有任何坚实的原则或权威的支持。面对两路夹击，英国国教采取了一种非常不明智的政策。我们说过当时的教会自然要反对情感宣泄，但他们不是利用教会的传统权威约束人的想象力，而是对人的理性做出无力的诉求。教会不是利用仪式凸显庄严，而是在凄凉的教堂里做一些劝善说教。国教依附于一种惰性和无动于衷的负面力量，到1832年，这股力量已经耗尽。阿诺德在那一年写道："于今没有任何人的力量能够挽救教会。"有一段时间，他的话似乎击中了要害。新利维坦尝到了内斗的血腥之后开始杀气腾腾地向主教扑去。1833年7月，形势险恶到极点，基布尔先生做了他的著名的"民族的叛道"的布道。同月，几位学者和神职人士在哈德利聚会，针对当前岌岌可危的形式展开讨论。他们决定试一试写宗教改革册页。纽曼写了其中的第一篇，牛津运动由此拉开序幕。

册页派赖以将色彩和感情拉回宗教的方法与诗人将同样的特性拉回文学所使用的方法非常相似。对于那些害怕或蔑视现状的人来说，过去，尤其是中世纪的过去，是最令人心向往之的。诗人复活了写作的古老形式；册页派要复活礼拜的古老形式。当然，这没有什么超乎寻常的。几乎所有基督教派系都宣称早期教会是他们的权威之本。路德和卫斯理之流在遥远的时代寻找基督教最纯正的膜拜形式，而册页派要寻找最丰富、最能满足想象力的基督教教义。

这种寻觅必然要引领他们向后转。有时，困难就在这里，他们走得太远。你如果问"英国圣公会是什么？"或"它是建立在什么权威之上？"而且你如果想避免埃拉斯图斯主义，你就必须一步一步往前回溯，越过光荣革命、大反叛及宗教改革的各个阶段，回到中世纪的圣天主教会，而这就意味着罗马天主教。睿智的弗劳德看到了这个困难，他在生命的最后几年一直试图解决这个困难。但是册页派的大多数人对教义的兴趣胜于对权威的兴趣，他们在大反叛之前的时代找到了舒适的休息地。纽曼在讨论早期册页派时说："我对我们的事业充满信心。我们一向坚持传播原初基督教，这个教义

151

是由教会早期的先哲传授的,而且是在国教教规里被国教神学家认可并证实的。这一古代宗教由于过去150年的政治变迁已经从这片土地上淡出,它必须被恢复。"

因此,对于册页派来说,他们的运动没有接近罗马天主教。事实上,他们事后坚称他们的运动确实是反罗马天主教的,正如他们是反埃拉斯图斯的。然而,正如丘奇副主教所指出的:"它教导人们少去思考布道,多去思考在这个躁动的年代被人讨厌地称为形式的东西,即教会的圣礼和礼拜仪式。"而对于反对派来说,形式就意味着罗马。册页派终究不能摆脱罗马天主教的猜忌。因此,1838年,牛津大学决定建一座新教殉教者纪念碑,以此对大学人员进行测验。结果许多册页派成员没能通过。一年以后,他们当中最伟大的成员开始转变。纽曼写道:"我必须接受一个正面的,建立在确定基础之上的教会理论。这一需求将我带到伟大的国教神学家那里。然后,自然而然,我立即发现如果不直接穿过罗马教会的教义就不可能建立这样一个理论。"[1] 1843年,纽曼收回他反对罗马天主教的全部言论,辞去了圣母玛利亚大学教堂的职位。两年后,他被接纳进罗马教会。他离去了,但是许多册页派成员成为坚定的英国圣公会教徒,舒适地镶嵌于17世纪早期神学之中。但是,这一运动从整体上看不可避免地打上了罗马天主教的烙印。

我希望这些仓促写就的段落不会让读者认为牛津运动的动机只不过是浪漫主义的。持这一观点实际是这一运动在牛津的敌人犯下的最大错误。他们认为册页派所代表的不过是一种一直时髦的伤感的中世纪主义,而且他们忽略了其中的神学知识和道德严肃

152

---

1 参见纽曼的《我为我的一生辩论》。

性,这才是这一运动具有扎实基础的原因。然而,这一运动确实有其强烈的(尽管是无意识的)浪漫主义的一面。而正是这一面把它和哥特复兴联系在一起。不错,这种联系很少是通过运动的主要人物取得的。莫兹利,他本人是一个热心的哥特复兴派,告诉我们[2]基布尔"在建筑上是一个自由派,如果不是一个实用派的话",而纽曼"从来就未涉足其中",[3]甚至弗劳德,尽管他写过一篇关于教会建筑兴起的文章,而且曾花了三天时间和莫兹利一起丈量和绘制牛津的圣吉尔斯教堂,但他明显"更倾心于圣彼得大教堂,甚至超过科隆大教堂"。然而,这两个运动在目标和性情上非常相似,而且在仪式上有明显的共性。

只有专门研究那个阶段的学者才知道1830年代的英国教会与今天的英国教会有多么大的差异。圣坛和祭坛、穿着宽松白色法衣的教士、颂歌、节日庆典、经常的起立和跪倒,这些是一个圣公会教堂留在每个人心目中的画面。但是,要理解哥特复兴的发展,我们必须想象这样一个时代,在这个时代里,所有这些形式都是不可思议的。对于一个生活在1830年代的规矩的新教徒来说,任何一点象征性暗示,比如出现在山墙或祈祷书上的十字架,都是极端的罗马天主教。任何仪式也同样可疑。牧师穿着黑袍,站在讲道坛里宣读圣餐礼;在长祷告期间没有人跪下;唱诗班进来时,没有人站起来;事实上,唱诗班,如果还有唱诗班的话,都藏在边座里,由小提琴和一把大提琴伴奏。旧的哥特教堂被逐渐改造以适应于这类服务。迷信特征,例如圣洗池和祭司席被取消。因为祭坛很少使用,甚至

153

---

2  参见莫兹利的《回忆录》,第一卷,第216—218页。

3  但是,最近有研究显示,他本人很可能监督了他在利托摩尔的教堂设计。那是一座朴素的哥特风格的教堂。参见约翰·罗森斯坦发表于《建筑评论》第98期(1945年12月)的文章,第176页。

也很少用作桌子，圣坛或者被撤销，或者用作法衣室。[4]如果中殿里
还残存任何有象征意义的雕塑的话，这些雕塑也被掩藏在宽敞而
舒适的为富人准备的厢座里，或是为穷人准备的摇摇欲坠的边座后
面。严格按要求建造的新教堂没有圣坛和侧堂的多余空间。尽管
如此，我们看到哥特风格有其缺点：小礼拜堂可以建成长方形的盒
子，但是盒子越大就越不方便。房顶需要柱子支撑；布道人也必须
远离听众，造成不便。大型新教教堂唯一合理的形式是德累斯顿的
圣母堂，它建得像一个圆形音乐厅。然而不论怎样东拼西凑，哥特
风格也很难被改造成圆形。甚至阿尔伯特厅也无法模仿阿尔伯特
纪念碑的风格。[5]时尚和经济导致哥特风格被用于教会建筑，但是
这种联系太过肤浅，不可能克服各种实际的困难。[6]假如圣公会的
要求保持不变，哥特作为教堂风格将会被抛弃，而哥特复兴则将随
着贝克福德式浪漫主义的消亡而寿终正寝。但是，册页派希望复活
旧仪式。为此，他们需要能够准确举行这些仪式的教堂，带祭坛和
深圣坛的教堂。此外，他们希望用象征物打动想象。为此，他们需
要雕塑和具有丰富的象征设备的教会建筑。简言之，他们需要真正
的哥特教堂。

　　册页派通过逆转普金的观点而得出需要哥特建筑的结论。普
金曾说：为了恢复哥特建筑，你必须复活礼拜的旧形式。册页派
说：为了复活礼拜的旧形式，你必须复兴哥特建筑。普金的动机以
建筑为首，而册页派的动机主要是宗教的。作为一个话题，宗教比
建筑更广泛也更深入人心，因而册页派的哥特理论比普金的建筑理

---

4　参见《绅士杂志》1782年10月（第480页）的一封读者来信。信中谈到"教堂设立圣坛的愚
　　蠢的老规矩"，还要解释圣坛一词的意思。
5　尽管吉尔伯特·斯科特实际上为阿尔伯特厅做了一个哥特式设计。
6　用哥特风格建造一座真正的新教教堂的勇敢尝试迟至1837年。参见当年的《建筑评论》，第
　　505页。

论影响更大。我们已经看到建筑与道德危险地纠缠在一起,在这一章中,我们将看到一个更奇特的价值混乱。

对这一混乱负主要责任的团体出现于1839年,其名称是剑桥卡姆登学会。三一学院的两位大学生,J.M.尼尔和本杰明·韦伯下决心要改造教会建筑并恢复仪式安排。他们的热情感染了他们的导师T.索普牧师和几位剑桥大学的年轻成员,于是成立了一个俱乐部,推举索普任主席,然后开始出版宣言。宣言中写道:"本学会的宗旨在于推动宗教建筑和古文物的研究,并促进残破建筑的修复。"从他们的第一条规则看,我们会认为这是一个无害的古文物研究爱好者团体,与前面一章的描述类似。但是当这个团体的成员开始发表小册子,而且更有甚者,当他们于1841年开始出版月刊《教会建筑学家》时,我们开始清楚地看到,他们的目标读者显然不是辛泰克斯博士或者老伙计先生之类。

155

从建筑角度去考察该协会的早期文章显然是不公平的,因为这些文章并没有假托建筑原则来对一座建筑物提出批评。事实上,《致教堂建造者》的第一版没有说"按照这些指导你将会建起一座美丽的教堂",而是说"按照这些指导你将会建造这样一座教堂:在里面做礼拜既庄重又符合规则,而且里面的每一个部分都可以宣称是上帝的房子"。如果你相信上帝希冀某种固定的仪式,那么你自然会坚持让上帝的房子拥有执行这些仪式所需要的全部安排。这些考虑比建筑美更重要,就像房子的厨房和排水系统要比窗户的垂花帘装饰重要。排水系统和教会建筑学同样远离建筑美,在《致教堂建造者》中,他们并未混淆。作者开宗明义:"本书的主旨在于探讨用天主教教义[7]而非影响教堂建造的建筑原则。"在这样的声明之

---

7　新版中改成"教会的"。

后，当我们在书中发现作者使用的批评原则与我们的不同；发现侧廊是最基本的，因为它们代表最神圣的完整的三位一体（而不是我们所说的同等的三位一体）；发现耳堂完全可以省略，因为教堂的形状像一条船时，就不足为奇了。事实上，甚至这些神学意义上的批评都前后矛盾得令人疲劳。例如，如果省略圣坛，教堂应该更像一条船。然而，这种省略是不可思议的。从整体上说，这些天主教原则与建筑原则相去甚远，因而不至对建筑造成伤害。但是，在1840年至1850年之间，源于教义的批评原则开始被当作建筑原则接受，教会建筑学的谬误自然导致了坏建筑。我们可以在卡姆登学会的出版物中追踪这一混乱的发展。

156　　　　麻烦始于《教会建筑学家》的第一期。从天真的神学绵羊群中，几只美学山羊抬起了羊角。作者说："教堂里的许多安排和细节无论如何都是不可饶恕的，例如侧廊里那些巨大的窗户，与墙壁站在同一平面的直棂，抛光的仿石红砖与白偶石的刺眼反差。"在这里，纯粹的视觉标准被塞进神学讨论。而其中的评论所包含的标准则更加混乱。"现代教会建筑学者的错误全表现在这里，他们宁愿要教堂的饰物而不考虑教堂本身的费用。但是这样的日子将要一去不复返了，我们希望新的一代，比我们更虔诚，虽然不一定更富有。他们将与我们的前辈相匹敌，建起他们辉煌的大教堂。教堂里面镂花圣坛屏闪着金光，画有表情丰富的人物形象，逼真的花朵，除了没有生命，完全可以与自然的造物媲美。但是，如果为了装饰性附件而牺牲任何实用物件，这样做就不妥当。如果这些饰物是赝品就更不妥了。粉饰灰泥、油漆、合成物和压纹，这些东西用在剧院或舞厅不算不合适，但是在上帝的房子里，每一件东西都应该是真实的。"

虔诚比富足更有必要，自然的花朵是美的最高形式，一切仿造品都是邪恶的。我们立即认出这些论述，它们是那个巨大的批评军火库里的主要武器。那个军火库是与罗斯金的名字联系在一起的，而在《建筑的七盏明灯》问世前九年，这些武器的运用已是挥洒自如，说明罗斯金并没有多少创新，甚至普金也不过是在表述当时的流行思想。但是，为了我们眼前的目的，这些批评至关重要，因为它们将视觉标准和教会建筑学联系在一起。普金以降，道德在建筑中的重要性已经被接受。既然有了道德，为何不可以有象征性？两者与建筑都相去甚远。[8]

157

　　1843年，卡姆登学会为教会建筑学打了关键的一仗。该协会的两位创始人，尼尔先生和韦伯先生，出版了中世纪象征主义的主要倡导者迪朗都斯的译著，他们在译者前言中讨论了教会建筑学在建筑中的地位。他们试图证明正确的象征性，他们喜欢用圣礼神圣这个晦涩但庄严的词，它是基督教建筑的根基，是区分新老教堂的特性，事实上，象征性使旧教堂比新教堂更美。但是，他们虽然将教义的正确性与美联系在一起，美这个词在他们的前言中很少出现。他们说："我们并不指望用美学去说服那些对更直观的论点都充耳不闻的人。"他们所谓直观的论点采用了一系列微妙的哲学比喻——演绎、类比、归纳，不一而足。然而，他们的推理大部分难以理解。"自然的教诲具有象征性。这一点，我们想，不会有人否认。那么既然自然是如此，我们是否可以认为天主教堂及其艺术和辉煌象征的是圣三位一体呢？既然上帝将象征性赋予了自然，难道上帝不会将象征性赋予天主教堂吗？既然每一幅画中都有效果的三位一体，既然每一个音符都有声调的三位一体，既然每一个心灵都有力量的三

---

8　就像地质学家所说的侵入现象，这是从我早期心灵层的侵入，当时我受到斯科特的《人文主义建筑学》的影响，在本书完成前很久，我就已经明白道德和象征都与建筑息息相关（1948年注释）。

位一体,既然每一个实体都有本质的三位一体,为什么教堂艺术的安排和细节不可以有一个三位一体呢?假如上帝的仆人可以教诲,为什么上帝的情人却缄口不言呢?自然宗教所拥有的能力启示真理却没有,这令人费解。"既然引言中没有举例自然界的象征性,我只好假设1843年的读者对此并不陌生。[9]而且上面列举的各种三位一体也没有任何解释,它们一定是当年的常识,但是对我们中的大多数都是谜。或许这样也好。在哲学角度的论述中,作者的推理也同样模糊不清。从不可否认的命题,即"因果之间有紧密的联系"[10]开始,他们很快证明了象征性比我们想象的要普通得多。他们认为,任何物体,只要表现它的创造目的,就是象征那个目的。所以,椅子象征坐。如我所述,这一结论似乎令人失望,却是经过数页纸的复杂论证才产生的。它给人一种重大发现的气氛,就好像茹尔丹先生发现他说的是语言一样。

从头至尾,引言中的直观论点都有一组道德价值给予佐证。我们注意到这些道德价值已经在《教会建筑学家》中出现,但在那里它们仍然小心谨慎,尚不丰满。在这里,它们的信心和清晰度迅速膨胀。以其中最重要的为例:在《教会建筑学家》最初几期中,"好人建造好建筑"的原则仍在幕后紧张地徘徊。而在引言中,这一原则已经发展到让未来的基督教建筑师都会感到恐惧的程度,即使是在那个惧怕上帝的时代。他们说:"想想吧,任何信教的人都能允许自己建造一座秘密集会所,甚至有时让为教义说话的建筑屈尊为教会最痛恨的敌人服务!这种人的脑子里想的是什么?他对教会建筑的现实一无所知吗?想象一个信教人设计一扇三道式窗,安装了最神圣的三位一体的象征,却为一帮索齐尼教徒而用。如果建筑不仅

---

9　他们比我们更熟悉巴特勒的《类比》。

10　参见迪朗都斯,第1页。

仅是一门行业,如果它真正是一种自由理性的艺术,是诗的真正分支,那么就让我们强调它的现实性、含义和真理性,至少不要给两个敌对方同样的物质表达而将我们自己暴露无遗。"[11]这一段最明确地表明建筑者的宗教与他的作品之间的联系。他们一生的行为也不无重要性,不仅是"过去的建造者的深刻的宗教习惯",而且"他们的起居、严于律己、顺从,都有助于创造无与伦比的作品。而他们的世俗、傲慢、闲散和对同事的庇护都会导致必然而无可救药的失败"。[12]这时道德谬误在海上满帆行驶,为同行的象征性谬误保驾护航。

159

　　除了尼尔先生列出的那些理由之外,还有另一个原因造成了对教会价值的广泛接受。19世纪早期的浪漫主义风暴让人丧失了判断艺术作品的固定标准。理性的、传统的约翰生式的批评早已失去信誉,而且在风格战中,随着古希腊派在哥特派面前隐退,维特鲁威权威的魔幻之光也暗淡下来。维特鲁威曾经为世界提供了最简单的批评武器——一组规则。当这些规则失去了力量,批评者就不得不依赖自己的判断力,这可是一件费力不讨好的事情。1840年,世界正在寻找一组新的规则、新的权威,以摆脱自我思考的不适。有一段时间,这一找寻似乎是无望的。哥特派和古希腊派的战争仍在进行;科克雷尔教授,建筑价值的官方保护人,拿着一份罗列着从帕特农到诺亚的建筑历史的打印齐整的课表,讲授着无关痛痒的课程。但是从这个无序的嘈杂的巴别塔中,一个清晰而坚定的声音升了起来,那是卡姆登学会的声音。他们只是偶然提及建筑问题,这无关紧要。他们说起话来信誓旦旦,而且他们提供了一组明确的规则。只要你接受他们的价值观,你就可以再一次使用"正确"这一珍贵的字眼。一位《英国批评》的撰稿人写道:"若是如此,那么你

---

11　参见迪朗都斯,第22页。
12　同上书,第25页。

便可以保证最准确的技术细节。如果上帝的房子采纳的是日内瓦
160 原则而不是天主教原则，其结果必然是建筑魔鬼。"教会正确性从此
成为建筑优秀本质的一部分。

很难相信一所大学的虔诚的考古学会竟对建筑产生了如此巨
大的影响。然而事实果真如此。随着册页派原则的远播，人们开始
发现内心深处部分被压抑的对仪式的渴望，象征性也像一种新体育
那样突然风靡起来。卡姆登学会是这一领域的龙头老大，在类似团
体中占影响之先。牛津建筑协会与之同规模也几乎同样活跃，尽管
两者之间存在差异，可视作与剑桥不相上下。在牛津，过分卷入神
学争议是不明智的，而且建筑协会不应使卡姆登学会成员对教义的
激情导致自己的出版物过于僵化。小型协会在大教堂所在的城镇
似乎都很活跃，我读过艾希特、诺维奇和达勒姆出版的小册子，它们
都腼腆地回应了卡姆登学会预言性的呐喊。

有许多证据表明这些协会是有影响力的。牛津建筑协会的通
信往来几乎全是乡村牧师的来信，希望重新安排他们的教堂；也有
受命建造新教堂的各地委员会的信件。协会是否可以推荐正确的
风格和安排？教堂塔尖是必须的吗？圣器室里面能放炉子吗？西
面的窗户是否应该有两盏灯，象征基督的双重性，还是三盏灯，象征
三位一体好呢？最后，怎样募捐？或许协会能帮忙，筹一点款，在基
督的土地上重建宗教建筑？往后，我们还读到，在协会的帮助和建
161 议下，圣坛是怎样清理的，厢座是怎样被拆除的，[13]甚至祭坛是怎样

---

13 有时不够审慎。一位耶奥维尔的汉考克先生将教堂里的厢座拆除了，把厢座租金的账单交
给收租金的人，却不能收回费用。连续数月，他写信给牛津协会申请资助："我私下告诉你，
除非在本星期五之前得到足够的帮助，我将彻底被毁掉。我的手已经握不住笔了。"没有任
何记录显示给汉考克先生送去过资助。任何主义都有殉道者，虽然为哥特复兴牺牲的人比
为其他主义牺牲的要少得多（摘自《牛津建筑协会未发表的通信集》，信件420—433）。

竖立起来的。

　　卡姆登学会的通信往来似乎遗失了。它们与牛津协会的应该大同小异，甚至涉及更广。仅从《教会建筑学家》的读者来信和文章中我们就可以清楚地看到追求正确的愿望是多么普遍，请求帮助的数量是如此众多。而且学会的影响不仅限于乡村牧师和委员会，成功的建筑师也寻求并遵从他们的建议。吉尔伯特·斯科特爵士写道："我的第一座教堂可以追溯到剑桥卡姆登学会成立的同一年，把我们从那个可憎的泥潭里解救出来的荣耀非他们莫属。当年我如果认识该学会的创始人该有多好。"[14]终其一生，只要他希望影响公众舆论使之有利于自己时，他总是向大学学会发出诉求。[15]而且在一切关于宣传的事宜方面，吉尔伯特·斯科特的直觉从不出错。

　　卡姆登学会成员在使用他们的权力方面从不手软。在一个充满疑虑的世界，零容忍是他们的力量所在，而且他们深知其奥妙。他们是下手无情而绝对正确的暴君。吉尔伯特·斯科特写道："我记得一个有趣的小插曲。他们批评过我建造的一座最好的教堂（他们的原则我全部严格执行了），结果导致了教区牧师的抗议，他指出了一些明显的建筑错误。他们采取的辩护策略是，因为他们只能凭着一幅很小的平面图做出判断，所以全部错误的责任与他们无关，而只能落在建筑师的头上，因为建筑师没有提交建筑图纸请他们审查。"[16]无怪建筑师听到他们的名字就谈虎色变，就像异教徒面对强大的宗教审判所一样。[17]反叛就像巫术罪；拒绝就像偶像崇拜罪。

162

---

14　参见《回忆录》，第86页。这个赞辞应该是不带偏见的，因为斯科特在撰写回忆录时已经与卡姆登学会决裂。
15　参见《牛津建筑协会通信集》，信件105、106、477、478、479、485。
16　参见《回忆录》，第105—106页。
17　只有两位建筑师卡本特和巴特菲尔德逃脱了魔爪，而卡本特早逝。

他们对普金犯下了弑父罪，因为普金曾经指出他们的宗教观的前后不一，他们针对他的阴险设计发出严厉的警告。而他们自己的后代若胆敢背离光明之路，他们也绝不宽恕。像加尔文和罗伯斯庇尔，他们绝不允许人为的事故削弱他们追求真理的激情。少数几位哥特建筑师拒绝俯首称臣，便被当作了邪恶的典范。例如，佩蒂特曾提出趣味和比例的问题，"这些原则我们坚持谴责。它们本身是邪恶的，而且是对上帝的荣光的最大的亵渎"。[18]继续使用古希腊风格的建筑师被忽略，只有科克雷尔教授的讲演被注意到，而这些讲演当然是可悲的。《圣经》的艺术概念，如比撒列的实例所示，从未受到承认。"此外，科克雷尔教授曾经说，"中世纪教堂完全建立在迷信的联想之上。这种观点，如果是有意说出，表明作者极端无知，极端亵渎，不值一驳"。但最坏的是，他相信"所谓盎格鲁-新教主义应当存在，而且确实存在于任何威权形式之下"，因为他对卡姆登教义的根基发出了攻击。

卡姆登学会的建筑原则依赖于彻底恢复天主教仪式。我们知道伊丽莎白的教会调解条款中存在歧义。其中包括一些模糊的词语，诸如"在过去"，而且虽然提到了爱德华六世的一条法律，却没有说明是哪一条法律。如果这些歧义被充分利用，是可以为豪华的仪式找到借口的，但是这种借口必然是埃拉斯图斯派的，而卡姆登学会成员对此深恶痛绝。像册页派一样，他们试图将他们的观点建立在17世纪早期，然而更不成功，因为虽然有可能从查理时代的神学家的文章中找到教义上的满足，却不能从他们的实践中为仪式找到借口。幸运的是，人类不必为他们赞同的信仰寻找证据，而且大量诚实的人真诚地相信在劳德的带领下，教堂的礼拜仪式是全部按

---

18　参见《教会建筑学家》，第一卷，第78页。

照传统形式进行的。他们说,仪式的传统只被那些废除了旧的教会安排的清教徒中断过。卡姆登学会将这些教义令人信服地四处传播,时至今日,一个乡村教堂司事会告诉你他的教堂被克伦威尔攻陷,而实际上,他的教堂位于一个保皇党的中心,清教徒从未进入过。

仪式的恢复不是一个渐起的黎明。有一阵,一些比较保守的牧师被一束突如其来的强光照得眼花缭乱。卡姆登学会的创始人用他们道德上的真诚和信者无意识的狡诈说服了一批主教和有影响的人士加入他们的事业。但是从一开始,他们的创新就遇到了阻力。用"祭坛"一词取代"圣餐桌"暗示一种严肃的教义变革,这一变革涉及圣餐礼的本质。卡姆登学会成员不但使用这个词,他们或许还在剑桥的教堂里设立了一个祭坛。说"或许"是因为"祭坛"一词的定义十分微妙,一整块石头无疑是一个祭坛;一块石板架在木制支撑上是一个祭坛桌,这是一种适度的折中。卡姆登学会将一块石板架在石料支撑上,但是正统派不满意。[19]教堂安排的其他特征同样涉及教义,例如,讲道坛设在侧廊中间,那么这座建筑不过是一个布道房;如果设在边上,则是一座天主教堂。在某些教堂里,讲道坛装在轨道上,可以根据会众的好恶而推前或拉后。[20]

只要那些愚蠢而耀眼的正统派醒过神看穿其动机后,卡姆登学会迟早要招来麻烦。驳斥异教或安抚疑惑,从一开始就有困难。在1843年,一些比较胆小的地方建筑协会开始和剑桥脱离关系,"为了在上天的恩眷下,在教会成员中重建和平与和谐"。同年,唐一康诺

164

---

19  我怀疑在劳德治下用过祭坛。如果圣餐桌出现在圣坛里,那是因为老教堂里原来就有圣坛。既然已经有圣坛,也就用了。但是,在整个18世纪,有几个祭坛架起来了。它们都没有卷入任何教义之争,甚至没人注意到它们。

20  H. M. 考尔文先生告诉我这样的讲道坛在卡莱尔的一座教堂里仍然存在,而且仍然工作。

尔教区的主教退休，他写了一封非常礼貌的信，声称他是迫于委员
会的压力才如此行事的。但在一个月之后，他却发表了一篇文章痛
斥卡姆登派。1844年，风暴终于爆发。在对学会的所有攻击中，我
将引用其中两项，一项来自建筑批评家，一项来自神学家。

一位《威尔建筑季刊》的作者写道："我们认为有义务，至少出
于职业的骑士精神，向那个高高在上的教会斗士投去一杆标枪。这
位斗士手握盾牌，上书'教区建筑协会'，而且自我标榜在批评指挥
上拥有绝对权威。"

"这一权威，从建筑上，不亚于在精神上，似乎源于某位'牛津学
者'。从此，神学传单和哥特教堂的论文开始铺天盖地般向我们砸
过来。直到本来对各种类型的建筑一无所知的一般老百姓被这些
肤浅的知识塞得窒息，落得只知道其中的一种。好像上天发出了第
11条戒律，宣布：'你不许崇拜埃及的辉煌，或希腊的美，或罗马的宏
大，或伊斯兰教浪漫的微妙，或意大利的各种造型艺术——你只能
崇拜哥特！只有通过哥特的神秘视角和加长的拱廊你才有望看到
基督的高台。'"

"一个杂种迷信的阳痿早期病症！英国教会牧师的无望的独
裁，打着建筑的旗号，不是为了试图恢复教皇的权力，而是为了激活
罗马天主教的肉身！对英国教会缺乏生命力的可悲的承认，对其在
建筑的崇高艺术中之原创性影响的彻底绝望！"[21]

据我所知，这一批评从未得到回应，因为，除了措辞值得商榷
外，里面许多有价值的观点卡姆登学会成员很难反驳。"什么时候我
们的各式各样的建筑——不仅仅是古典或哥特的仿制品——能成
为引经据典但强调全新体验的、雄辩的原创性展示？"[22]道德尚未完

165

---

21　参见《威尔建筑季刊》，II.i（1844年7月）。
22　同上书，第2页。

全胜利,建筑仍能从与我们几乎相同的视角获得批评。

但是,良好的理智是一件虚弱的武器,即使有各种印刷字体的支持。没人在意《教会建筑学家》,但是克罗斯先生的布道文导致了卡姆登学会的垮台。布道文宣讲于1844年11月5日,其后以《"教会复兴"实质上是罗马天主教的复兴:从"剑桥卡姆登学会"权威出版物中得到证明》为题发表。我手头的版本为第四版,1845年,4 000册。我希望能引述全文,这是一篇19世纪艺术批评的杰出范文。我冒昧地认为,克罗斯博士是那个世纪使用斜体字最多的作家。他情绪激昂,振振有词,给引述造成困难。下面这些缺乏关联的片段并不代表全篇的风格。

"我的目标是要指明:天主教在牛津讲授用的是*分析方法*,而在剑桥用的是*艺术方法*——在一所大学里用理论反复灌输,在另一所大学里则用雕塑、油画和雕刻。"

"一言以蔽之,剑桥的《教会建筑学家》和牛津的《时论册集》在教义上是等同的。"

"这不是一个砖与石,趣味或科学的问题。问题的关键是纯粹教义上的,是关于天主教教义或新教主义孰胜孰败的问题。"

"这些令人生厌的细节真是足够了,足够到无可争议地证明所谓教堂复兴不但倾向于而且实际就是罗马天主教的复兴。"

卡姆登学会乐于驳斥这类攻击,他们的答复遵循神学争论一贯正确的传统。

"假若这类指控能让人看懂,我们应当考虑试图回答——其原因我们将在下面清楚地列出,而我们的回答肯定不带有任何报复情绪或个人敌视。剑桥卡姆登学会的指控者是一位牧师:他声称因宗教原因反对本学会。我们理解,他的反对意见有一些是针对道成肉身的教义。我们尊敬却断然拒绝与他争论任何宗教问题,尤其是这类问题,直到他与下述报道撇清关系:报道发表于1844年夏的公开杂志中,而且据我们所知,他在一次公共集会上,使用一些赞美的话语谈及某公开宣称为景教的异教徒,此事至今仍未受到质疑。如果此报道属实,我们不得不拒绝全部争议,尤其是关于道成肉身这一重大信仰问题。我们不能和一个可能被认为分享圣西里尔的诅咒并遭受第三届基督教理事会谴责的人争论。"这就是我们的祖先带到"教会建筑与古文物研究"中的狂热。

卡姆登学会的狡辩大获全胜。但是他们的胜利只不过是道德的胜利。指责克罗斯博士的异端是无用的;诅咒圣西里尔也无用;甚至拿他本人用石板做前脸竖起了一个最危险的圣坛说事也没用。克罗斯博士诊断出了卡姆登学会的黑死病。当权者不敢冒被传染的危险。他们逃离:先是埃克塞特的主教,然后是林肯郡的主教,然后是大学总监和副总监。1845年2月,卡姆登学会被动议解散。

其他教区建筑协会也受到震动。牛津协会立即发表公告,强烈谴责卡姆登派,同时盛赞哥特。[23]即便如此,那些心怀不满的人也趁机向卡姆登派发泄。例如,有一个写了不少未受关注的关于坟墓和纪念碑的论著的谢坡里先生,写了一封信,这封信因其散文风格就值得一读。"除去这些反对意见,我可以确信,由于我对这个国家产生的全部最有价值的哥特艺术作品的熟悉,那些不恰当的、来自不熟悉这一风格中每一种真正精神的各方干扰,应对造成直接与教会利益相左的结果负责,并为牛津和剑桥大学的文学声誉严重受损负责。"

---

23  亦参见《牛津建筑协会通信集》,第267页。

　　"罗马教会空旷而压倒一切的结构在其王国各地升起,炫目耀　　**168**
眼,富丽堂皇,引人注目。"[24]

　　等等,等等,长达数页的云遮雾罩般的抗议性雄文,还不时夹杂
着作者本人的抱怨。但是,牛津协会总是圆滑周到的。摧枯拉朽的
大风暴过去十年之后,一位过去的成员仍可发文为协会庆祝,赞扬
其面对危机时表现的稳妥。他说,没有什么比让他"浏览协会成员
名录,思考为何我们当中只有极少数抛弃了我们的教会而投向罗马
的怀抱"更让他感到愉悦了。[25]

　　甚至卡姆登学会也用了一个简单的权宜之计改名换姓躲过了
危机。作为教会建筑协会,它继续出版《教会建筑学家》,并继续控
制着由它发动的运动。新名称也算恰当,因为它的主旨是道德和象
征。既然好的建筑依赖于好的道德,协会为自己设定的目标便是提
高与建造教堂相关的人的道德水准。我们提到对建筑师提出了高
标准,而这些标准也同样适用于雇用的工匠的道德。特别是木匠,
他们要求"生活和思想的神圣。这一点各个级别的工友都必须具
备,对从事这一职业的人再合适不过,因为他们在装饰神圣的住所,
用他神圣的手,在世上不得玷污"。[26]

　　有多种小册子出版,要求泥瓦匠过敬神而严肃的生活,特别要
在砖瓦匠之间避免使用脏字。

　　甚至教堂的钟也受敲钟人的道德水平的影响:"但是关于敲钟　　**169**
人——没有他们钟是无声的,是他们根据各种不同的目的调整音调
促使钟发出庄严的声音。因此,敲钟人的职业是多么神圣! 这些人
的服务有多么深刻的宗教意义! 他们敲钟的方式应该多么仔细!

---

24　参见《牛津建筑协会通讯录》,第280页。
25　同上书,第437页。
26　《教会建筑学家》,第一卷,第151页。

敲钟不认真该是多么罪恶！玩忽职守该是多么罪恶！敲钟人的生活和话语该多么小心谨慎！"[27]

我们不知道协会在这方面取得了多大的成功，但是安排得体已是力所能及之事。因而在1854年，《教会建筑学家》的编辑带着平静的成就感写道："教会建筑已经不再是尝试性的。它正在接近某种精确科学。人们已经承认它不是一个趣味命题而是一个事实命题。"

假如卡姆登学会将自己的目标局限在正确的象征主义与令人满意的道德，我认为他们本不会带来过多的危害。教会建筑学并不必然影响一个建筑物的建筑优点或缺点。事实上，它所施加的限制——对形式的限制——可能导致古典主义的局限、强度与微妙的变化。但是对风格施加限制没有好的结果。对风格的限制正是卡姆登学会对哥特建筑造成的最坏影响。

该学会关于风格问题的最后发声是在其著名的《致教堂建造者》(1844)的第三版。在这个问题上，该书的前几个版本相对放松，对于小教堂，他们建议使用早期英国风格；对于大一点的教堂，则可采用"另外两种风格的任意一种"。我想他们的态度是，只要教堂是一种相对正确的哥特风格就足够了。但是到了1844年，卡姆登学会的教义站稳了脚跟。作者说："我们已经不再是被请来证明哥特是唯一真正的基督教建筑"，现在的问题是哪一个阶段的哥特是最真实、最基督教的。因为多种原因，显然只有一种风格是可以容忍的：盛饰式或爱德华式。卡姆登学会不得不用相当晦涩的语言给出了几个原因。

170

---

27  参见圣公会牧师 W. 布朗特硕士的《教堂钟的使用和滥用》。他的观点可以与早些时候的另一位圣公会牧师的观点相比较。这一位写道："把这些打钟报时的烟囱抛给酗酒的巴比伦妓女吧。"

　　"如果我们现在真希望还有更高一级的荣耀可以达到,而且未来的建筑家有望达到,那么我们必须回归,回到腐烂和衰败的初始。如果我们到达那里,就可以开辟一条更真实且更忠实的路线。更真实是因为垂直式使用了俗气的填充物,并且为其自身的目的制作了饰件。更忠实是因为都铎时代的建筑师忘记了他们高尚的使命:以美阐述真理,他们象征世俗的浮华而不是天主教的信仰;展示的不是教会的教导,而是埃拉斯图斯主义的刺激。"

　　我不能准确地说出这段话的真实含义。例如,"以美阐述真理"这个短语似乎超出了我的分析能力。其关键的背景是道德的,都铎时代的建筑师是背信弃义的人,而且更加严重的是,他们是埃拉斯图斯派,宗教改革之后的任何风格都不是天主教的。这一段还暗示了另一个动机,杰弗里·斯科特先生称之为生物学谬误。这一谬误认为,每一场运动必须有一个起点、一个顶峰和一个衰退,而维多利亚时代的人脑中有一种错误的对称感,总是将顶峰置于一场运动的中间。"最好"的阶段是中间阶段。对于后来的时代,艺术似乎并不按照一个简单的预言的线路发展。但是,无论"盛饰式"是不是哥特建筑中最好的风格,它肯定是哥特复兴中最坏的风格,另外两种风格中的任意一种都是更可取的。早期英国风格不需要任何普通工匠不能掌握的细节。垂直式是中世纪风格中最容易调整的,而且 171 是唯一一种被广泛应用于民用建筑的风格。但是,早期英国风格过于简单,缺乏卡姆登派教义中基本的教会细节。他们争辩说,在迪朗都斯写出他的《原理》之前就开始风行的风格不可能是真正象征性的,因而不可能是真实的。而垂直式根本不在讨论之内。它一直被看作初学者的哥特,从盖里以来懂行的人都瞧不起它,而正如我们所看到的,卡姆登学会有反对它的宗教理由。

我认为对盛饰式风格的严格限制似乎一直是落到哥特复兴头上最大的灾难。没有足够的资金,工匠又提不起兴趣,建造盛饰式教堂已足够困难,当复兴扩展到民用建筑时,这一困难是无法克服的。在所谓"最好阶段"几乎没有英国民用建筑。开始建造哥特式火车站的可怜的建筑师被迫选用林肯大教堂的天使诗班席的风格,或是到国外借用一种风格,很难判定这两个策略哪一个更不幸。最令人吃惊的是建筑师逆来顺受。他们手边就有一个解决问题的简单方案:被禁用的风格。然而很少有人用,在普金和诺曼·肖之间几乎没有有名望的建筑师敢于采用垂直式。

关于这一限制的整体后果我们将留待下一章探讨。但是,其中一点必须在此提及,因为它是显示卡姆登学会有勇气坚持自己原则的很好的例子。对于一个自我标榜为尊崇中世纪古文物的学会来说,花掉大量时间破坏古文物需要勇气,但是如果我们接受这个学会成立的第二个目标:"修复被肢解的建筑残骸",便可以理解这一活动。修复的困难在于大部分英国教堂都是不同风格的拼凑。卡姆登学会称,修复一座兴建于不同时期的教堂有两条路:按照其自身风格修复每一部分的变化和附加,或是按照最好、最纯粹的尚存风格的痕迹修复整座教堂。在这两种选择中,该学会毫不犹豫地推荐第二种。在能够修复的教堂中,很少有找不到一点"盛饰式"残迹的,它或许存在于一个门廊,一个圣坛,或是只在一扇窗户上,以此为依托,整个教堂都被改变。但是有时建筑师面临着一座教堂因为建得太晚而没有保留任何装饰细节的问题。他可以修复"垂直式"吗?显然不行。因此,他最勇敢的策略是将整个教堂扒掉,用真实而自然的风格重建。[28]卡姆登学会毁坏的中世纪建筑是否与克伦威尔一样多，是个有意思的问题。如果没有，那也是因为缺乏资金，神圣的贫穷（*Sancta paupertas*）才是古建筑真正的监护人。

　　本章所收集的资料，很少有对卡姆登学会有利的，还有更多有损他们名声的东西可以在他们的出版物中找到。然而卡姆登学会成员还是有一些可尊敬、可同情的特性。他们热爱老建筑，或者说，至少是一定年代的老建筑。他们热爱某些美丽的建筑，尽管是机缘巧合的。从总体上说，他们挽救这些东西免于被毁掉，要多于他们自己毁掉的东西。读过卡姆登学会成员野外记录[29]的人都会被他们的单纯和热情打动，这些特性透过那种自鸣得意的教区杂志语言闪耀着光辉。实际上，他们的荒唐大部分表现在他们的语言上，那些当年读着自然的句子现在似乎显得趾高气扬，某些滑稽的维多利亚表达方式如果转换成我们今天更圆滑的说法，听起来会更有意味。我必须承认卡姆登学会成员是不讲道理、居高临下，而且有时是欺骗性的，但即使是在最坏的方面，他们也是正确的一方，是反市侩的一方。

　　而且没人能否认他们的成功。通过他们，有甚于凭借任何其他机构的力量，册页派获得了最终的胜利。五十年来，几乎每一座新的圣公会教堂都是在他们的指导下建造并装修的，也就是说，以一种反实用性、反经济性、反理性的方式——这在19世纪中叶堪称辉煌的成就。我怀疑这个国家没有任何一座哥特教堂，新的或老的，未曾受过他们的影响。我从未见过任何一座教堂，里面没有一座圣坛，或是它的圣坛仍未被使用。我几乎没有见过一座教堂里面仍

173

---

28　参见《教会建筑学家》，1847年5月。
29　同上书，第58页。

然有全部的厢座和回廊。大部分教堂都包含该学会影响的正面迹象——釉瓦、新雕刻的司祭席或复杂的修复工作。卡姆登学会创造了标准的圣公会的形式,以至在充满阳光的某条意大利街道上看到一座小型的"盛饰式"风格的哥特建筑,我们会毫不迟疑地说"英国教堂"。甚至在东方,我听说,也会遇到卡姆登学会风格的教堂,看上去很思乡、很不合群,就像沃金的清真寺一样。

在一种传播广泛的趣味的历史中,一个漫长的章节竟然奉献给了一个学院的建筑学会,乍看似乎有失比例感。但是我不相信任何研究过这个题目的人会否认卡姆登学会的重要性。在很长一段时间里,这个小组为英国人提供了一切有关宗教建筑的想象。卡姆登学会成员,出于复杂的理由,坚决主张某些形式,而一个普通人,不求别的,只求有人给他提供现成的形式,于是也就接受了这些形式。当这些形状开始重塑他的视觉时,如果无法在教堂、商店、火车站,以及他自己家里等各个地方看到这些形状,他会感到不舒服。因此在建造他的哥特别墅时,他不会采用简单实用的都铎窗户,而是将屋里弄得昏暗,并且不惜烦琐地在带装饰的直棂之间装一个推拉窗。当我们思考将正确的教会细节应用在家居中所带来的不便时,174　我们不得不羡慕理想主义在一个实用主义盛行的年代里的胜利。

第九章

# 吉尔伯特·斯科特

任何试图简化一段历史的人都知道,这样做不免要造成一定程度上的歪曲,而最好的希望是找到一个有代表性的人物或事件,为整个复杂的事态提供一个粗线条的符号。幸运的是,在对1850年之后的哥特复兴的研究中,有一个人物可用作上述目的,而不至过多损害事实。在他有生之年,吉尔伯特·斯科特被公认为复兴中最伟大的建筑家,[1]而且至今仍被视为最有代表性的人物。简单罗列一下他的作品便可轻松证实第二点。我们没有他早期作品的记录,但是我们知道在1835年至1845年间,除了教堂庄园和疯人院,他还建造了50座救济院。但是,1878年发表的一份作品目录上[2]列出了超过730座1847年之后的建筑,都和他有关联。其中包括39座大教堂和修道院教堂,476座教堂,25所学校,23座教区牧师住宅,43座庄园,26座公共建筑,58处纪念性建筑,以及25所学院和学院礼拜堂。然而,据说这个目录还不全。[3]吉尔伯特·斯科特在相当程度上改变了英国的外观。

但是,与中世纪和文艺复兴时期那些一生只建造了两到三座建筑的建筑师相比,所有哥特复兴建筑师都非常多产。因此,勤奋本身不足以使斯科特成为哥特复兴的缩影。在普金去世后的二十年间,有三个问题一直困扰着哥特复兴派。第一个问题是如何将哥特应用到民用建筑上;第二个问题在很大程度上取决于第一个问题,

175

---

1　这并不真实。这样说至少就像说德·拉兹罗被认为是20世纪最伟大的肖像画家一样。他征服了官方,也就是说,公共话语社会,包括许多原本头脑清醒的人。但是,他没有让那些真正关心的少数人信服(1949年注释)。

2　参见《建筑者》,第36期,第343页。

3　参见《建筑评论》,第185页。

即应该使用什么样的哥特风格；第三个问题涉及修复。这三个问题
中的每一个对我们都至关重要，而且吉尔伯特·斯科特在每一个问
题中都起了至关重要的作用。此外，他还做了大量普及宣传工作。
他写道："卡本特和巴特菲尔德是高等教堂派的鼓吹者，而我是大众
派的提倡者。他们通常受雇于有识之士，他们的观点总能不受阻碍
地得以实施，而我却注定要和乌合之众打交道，要一而再，再而三地
与第一种偏见抗争。"[4]而且他从来不用学究气的干瘪语气吓唬没受
过教育的老百姓。他说："我不是中世纪学者。我从来不倡导为中
世纪风格而中世纪风格。"[5]吉尔伯特·斯科特是这些莫名其妙地偏
爱尖券的普通人的代言人，在风格之争的战役的最后阶段，在与巴
麦尊子爵关于政府办公楼的辩论中，由斯科特代表哥特一方，真是
最恰当不过。

　　在近期关于吉尔伯特·斯科特的唯一一篇文章中，布里格斯
先生写道："众所周知，他的业务不但是最大的，而且是自从伦敦大
火以来所有建筑师中最具历史和民族重要性的。"[6]这话说得不无
夸张，因而我们自然要问斯科特是如果取得这样的成就的。他去世
后，他的同代人主要津津乐道于他的谦逊、他的童趣和他发自内心
的虔诚。在所有这些令人艳羡的品格中，只有最后一点对作为建筑
家的他有所帮助。显然，将他推向职业顶峰的不是他的谦逊。斯科
特确实乐于强调自己缺乏自信，但是他的文章显示，他的主要财富
之一是他在大力推荐自己的设计时所表现出来的坚定和勇气。他
确实是一个极有天赋的人，但是他的天赋并不在建筑方面，而是格
莱斯顿自由主义，后者能为他在公共事务中争得一席高位。在他的

176

---

4　参见《回忆录》，第112页。本章的引文如未注明其他出处，全部取自这本书。

5　参见《住宅建筑》，第188页。

6　参见《建筑评论》，1908年8月。

众多的天赋中，最能为他带来声望的是勤奋。

1834 年，斯科特的父亲突然去世。斯科特当时刚刚进入建筑业，尚未得到任何建筑合同。他迅速明智地决定给父亲的所有有影响力的朋友去信，请求栽培赞助，并且"利用自己的兴趣得到父亲名声所在地区的联合救济院建筑师的任命"。这两步都走对了，尤其是第二步。1834 年的救贫法修正案刚获通过，救济院的监护人对建筑一无所知，很快被斯科特井井有条的攻势拿下。斯科特写道："连续数周，我几乎是在马背上度过的，奔波于各个新成立的联合救济院。在夜间马车旅行的间歇，我在位于卡尔顿钱伯斯的小办公室里抓紧工作。随之而来的是监护人的会议，选定建筑材料，从一个联合救济院赶到下一个联合救济院，经常在天黑后奔驰在陌生的荒郊野岭之间。"当发现自己的老朋友莫法特也在各个联合救济院游说时，斯科特巧妙地与他建立起合伙关系。十年后，他又以同样巧妙的方法解散了合伙关系。在百忙之中，他抽出时间与表妹凯瑟琳·奥利德订婚。他说："订婚给我一个放松的机会，否则艰苦而无聊的工作真要把我击垮。这一缓冲让我得以重回工作。"

1838 年，斯科特建造了自己的第一座教堂。[7]他告诉我们："对此，我没有什么值得夸耀的。唯一能说的是它比当时建造的许多教堂都好。但是，不幸的是，当时我所做的一切都落入批发形式。没等我发现我的第一个设计中的缺陷，那个设计的总体形式及其关键错误已经在至少六个教堂建造中被重复。"他进而描述了建筑上的薄弱，用在柱子上的石膏线角，以及缺少正规的圣坛。他说："我当时对虚假的邪恶缺乏清醒的认识。我没有意识到我所陷入的深渊。"

177

---

7　在林肯郡。

　　由此可见，直到1840年，吉尔伯特·斯科特一直是一位普通的功利性的建筑师，唯有执着是他的独特之处。他自孩提时代就热爱哥特，在学徒期时画过中世纪废墟的素描，但是在救济院施工的忙乱期间，他失去了这些幻想的习惯。如果不是因为普金和卡姆登学会，斯科特或许永远不会使用哥特式。他告诉我们，这两个原因几乎同时作用在他身上，使他完成了转变，但是两者影响他的一生的程度不同。从卡姆登学会，从韦伯先生本人那里，他学到了教会建筑学的重要性。但是，作为一个地位卑微的教区牧师的儿子，他永远不会彻底满足卡姆登学会成员的要求。他在汉堡为一个路德教区建了一座教堂，使卡姆登学会成员震惊万分。虽然斯科特动用了他娴熟的教会建筑学技巧，证明路德教派和圣公会教派在教义的关键点上是相同的，卡姆登学会依然对他恶言相向，不依不饶。

　　但是，他一生一直崇拜普金。在关于普金的一章中引用的段落是斯科特去世前几个月写的。在更早的一篇文章中，他描述了普金的文章如何让他激动得热血沸腾，他绞尽脑汁找理由给普金写信，而且，令他兴奋不已的是，普金邀请他前去访问。他发现普金非常热情好客。普金灼热的理想主义在斯科特坚毅的心灵中打下了深深的烙印，他写的几乎每一个字都反射着普金的原则。像所有的门徒一样，他必须将主人那些格言式的抽象命题加以扩展充实，而且他经常把普金的思想推得过远。例如，普金根据古代植物作品设计花卉装饰。斯科特发展成为严肃的植物学者。他在建筑博物馆做过一次报告，"报告充满激情"，其主旨是所有中世纪的细节都可以在自然中找到原型。但是，困难来了：早期英国风格的树叶找不到自然来源。斯科特说："一天夜间，我梦见自己找到了那个植物的

178

实物。我现在能看到它。它是一片干枯的黄叶，充满美轮美奂的形式，装饰着林肯郡和利奇菲尔德的首府。我心中充满激动和喜悦，几近疯狂。"吉尔伯特·斯科特的转变如此强烈；理想主义在一个原本重实际的心灵中产生了如此令人陶醉的效果。

斯科特的转变给他带来的最大的不便发生在一座教堂的建造过程中。他已经为该教堂设计了石膏花边，这些石膏花边需要改用石料，"房主答应接受改变及相应的改动"。但是房主"在建筑完工之前去世了，而遗嘱执行人拒不接受这些变更。随之而来的是诸多不满。然而我不得不说，他们得到了一座造价低廉的教堂，虽然它依然是已建成的教堂当中最好的一座"。

斯科特转变的早期迹象并不都能满足他老师的要求。我们已经看到殉道者纪念碑是如何被用作筛子，而卡姆登学会成员过不了筛子眼；我们也看到普金强烈的反应。获选的设计出自吉尔伯特·斯科特。他将此归功于"朋友的善意的影响"，因为，如他所说，很奇怪怎么会选中他这样一个名不见经传的人。他补充道："我猜我设计的十字架比别人的都好，但普金也可以设计出来。"

随后的四年是建教堂的四年，斯科特显然在这一领域中已小有名气。1844年，他代表英国参加汉堡的圣尼古拉教堂的设计竞赛。他立即开始研究德国的哥特建筑，奔波于德国境内，每天画一张教堂草图，并且在从汉堡回家的航海途中的第一个早晨就着手设计。[8]或许他对普金的崇拜让他相信波涛汹涌的大海能够给他带来灵感。几天过后他才从海上颠簸中缓过来，但是，就是在病榻上他仍然坚持完成了设计草图。此经历将彻底改变他的事业进程。他告诉我们，他的设计的成功给人一种"电击般的震

179

---

8　正是在这次旅行中，斯科特见到了"叔本华博士，一位年迈的德国哲学家。他经常到我们下榻的旅馆进餐。我从来没遇到过这样健谈的人。但是可惜，他是一个彻头彻尾的异教徒。我原本打算给他寄去一些关于基督教证据的书，但事后忘记了"。

撼"。德国尚未经历过哥特复兴运动的觉醒。[9]他们仍"深陷在过去的错误之中，还认为哥特是德国的风格。他们的爱国情感被有效地激发起来"。此次成功对吉尔伯特·斯科特本人也产生了同样神奇的效果。他不再把自己看成一个谦逊的建造者，而是一位非常伟大的建筑家，而整个世界也做好了准备，接受他这一坚定的信念。

斯科特的成功带来的第一个结果是他收到了一系列修复英国教堂的订单。我无法将他在这一领域所做的工作的令人沮丧的细节压缩进本书中。这些细节大部分可以在他的《回忆录》中找到，这本书是任何关于英国教堂的论述不可或缺的补充。在修复过程中有多少损害是可以避免的，关于这个问题永远不会有任何定论。今天，我们认为斯科特不择手段且麻木不仁，那些没有读过他的作品的人认为他乐见用新石头替换旧石头。针对这一观点，斯科特一直在抗议。他的第一部书是为自己的方法辩护，反驳那些认为他修复得太少的人；他的最后一本书则反驳了那些认为他修复得太多的人。面对这两种指责，他坚称自己是严格的保守派，如果他有错，他也是错在保留了丑的和不合适的特征，但这样做完全是出于尊重这些特征的年代久远。斯科特去世后，许多教堂司祭长出面证实他的观点，描述斯科特如何拒绝毁掉他们教堂里的某个灯具或门廊，拒绝遵从教会建筑学里的清规戒律，只为保留该建筑细节的古老年代或美感。此外，斯科特还有一个便利的理由：他要修复那些已经摇摇欲坠、有坍塌危险的建筑，当然，我觉得他总是夸大了其危险性。所以，如果他挽救了几座教堂，使它们免于沦为废墟的命运，我们就应该知足，不去计较它们差强人意的外表。

180

---

9　尽管在欣赏哥特方面，歌德走在前面。而且在奥韦尔贝克和他的追随者之后，这种"原始"风格在德国很流行。另参见斯戴尔夫人的《关于德国的书信》。

调和斯科特用保护主义为自己所做的反复辩解与他现今的恶名似乎并不困难。首先，保守修复是一个相对概念。在斯科特的年代，有两类修复人：一类是普通的受雇的工匠，这些人中有一些可能是窃贼，随时准备将教堂里值钱的东西偷走卖掉；有一些则至多认为他们的责任是将带有时代印记的旧东西换掉而已。另一类人属于卡姆登学会，我们已经看到，卡姆登学会成员对哥特建筑的欣赏只局限于"盛饰式"风格的建筑。在1847年的年会上，他们探讨了两种修复系统，即折中的和破坏性的两者的优劣。他们的"折中"指的是采用任何当地流行的风格重建整座教堂；他们的"破坏性"指的是用"盛饰式"风格重建整座教堂。所有成员几乎异口同声地赞成后者。因此他们决定，在资金允许的范围内，值得考虑将彼得伯勒大教堂全部推到，然后用最好的风格重建。与这种风卷残云的方法相比，吉尔伯特·斯科特的重建计划当然显得非常温和了。我们也就不难理解，当他拒绝拆掉牛津圣母玛利亚大学教堂的门廊时，人们表现出的惊讶和对他的尊重。斯科特本人也宣称他曾不遗余力地挽救了文艺复兴时代的嵌板，当然它们即使被毁坏，损失也不是那么严重。关于伍斯特大教堂，他写道："我恐怕对拆除詹姆士一世和伊丽莎白时代的顶盖负有责任，还有唱诗班围屏，但我不记得是怎么回事了。"旧东西，也许旧家具除外，在当时比现在常见得多。

我们还不应忘记斯科特关注的是修复而不是保护。保护主义对我们来说是指保持事物的现状，而对于斯科特来说则是指恢复事物的原状。他小心翼翼地指出，他很少纯凭臆想去重建。他会找到嵌在墙上的"早期英国"窗户的半个拱，据此，他就认为自己有理由将那面墙上"垂直式"的窗户拆掉，用"早期英国"风格重建。他会理直气壮地说:"这就是这座教堂当年的样子。"但是,对我们来说,它看上去什么也不像,只像吉尔伯特·斯科特。而且他经常从一些蛛丝马迹里为一座建筑的原始布局寻找证据。几个榫眼和木工留下的印记为他提供了重建位于伊利的采光塔的证据。在牛津,他把大教堂的整个东侧拆掉,包括其中的装饰窗,把它按照诺曼式风格重新建造起来。他的唯一理由就是他认为这座教堂当初一定是诺曼式风格的。如果斯科特严格遵守他的修复的保守系统,他的观点会与卡姆登学会的立场几乎没有任何差别。他或许会将西敏寺推倒,用诺曼式风格重建,正像卡姆登学会会拆掉彼得伯勒大教堂,用"盛饰式"风格重建一样。

　　这听上去令人震惊,因为我们忘记了吉尔伯特·斯科特和我们之间的区别相去甚远:他相信他建造的是好哥特,而我们认为他建造的是坏哥特。只要哥特复兴派坚信他们的运动,他们就认为所谓修复就是用一件好东西替换另一件好东西。此外,16世纪和17世纪期间对教堂的扩充似乎本身就不尽如人意,且显然与原教堂缺乏和谐。我们已经浪漫化了18世纪,认为一百年的时间足以使一座教堂所拥有的任何建筑风格变得和谐起来,而对于我们多愁善感的眼睛,斯科特似乎从没干过任何一件好事。经过一段时间的风吹雨打,我们或许会忘掉他的修复工作,哪怕其中许多用的是讨厌的坚硬的石材,但是有时确实很难为他辩护。在写给弗里曼的信中,他说:"最近我在从事一项修补而不是修复工作,那是靠近阿宾顿的克利夫顿汉普登的一座小教堂。恐怕你不会喜欢,因为这不是一项严格意义上的修复——实际上,几乎没有什么可修复的——不如说是在重新打地基,尽量保持原来的蓝图。这样干下去,我们是在将这

182

位先生的纪念碑——修复的费用是从他的遗赠中支出的——建在
原址的坟墓之上的。这样做是对还是错，我不知道。"[10]怀亚特迁移
过坟冢，但从未抛弃它们。

　　1850年，哥特在教会建筑中的胜利基本上已成定局。但是当时
已经建造的哥特式民用建筑却是卡姆登之前的风格，而且遭到先进
的哥特派的强烈反对。虽然议会大厦的地点和联系使得哥特能够
被接受，但是普通人对哥特应用于其他公共建筑尚没有做好思想准
备。有两个人对于英国接受世俗化的哥特起了主要作用：一个是罗
斯金，那是下一章的主题；另一个就是吉尔伯特·斯科特。

　　乔治·吉尔伯特·斯科特1857年出版的《论世俗建筑和住宅
建筑的现状与未来》是出版史上为哥特复兴辩护的最有说服力的作
品之一。从本质上说，这部书不过是普金原则的转述，但是因为斯
科特既非天主教徒也非中世纪学者，他可以将普金的一些令人震惊
的明显偏见遮掩起来。他的论点是这样的：我们已经失去了现存的
仍在使用中的优秀建筑的风格，我们只能从无生命的风格中选择；
最理想的是创造全新的风格，但这是不可能的，因为我们的历史感
让我们永远不能忘记过去的风格。所以，最佳策略是选择一种古老
的建筑方式。首先，选择最接近建造事实，因而也是最易于采纳的
方式；其次，在装饰细节方面，选择最接近自然的风格；再次，选择
与当地传统最一致的风格。毫无疑问，这些特性属于哥特风格而不
是任何一种古典风格的变体，因此，我们必须采用哥特风格。但是，
在采用哥特风格时，我们必须自由发挥，让它最终成为一种新的风
格，即现代风格。竖框窗户、尖券和斜尖屋顶如果不合适，可以将它
们去掉而不牺牲真正的哥特风格特性。

183

---

10　参见《牛津建筑协会未发表的通信集》，第205页。

这些原则或许是哥特复兴留给我们的最合理且最持久的传统。其中最主要的原则——遵从建筑需要的原则——至今仍在使用，而且会一直沿用下去，当然这一原则在实践中会有各种解释。如果将这一原则坚持到底，它将导致恐怖的钢筋混凝土方盒子。幸运的是钢筋混凝土方盒子不能满足人们的想象，人们需要一些特殊的形状来与之和谐呼应，在那个时期，和谐是人们的精神追求。假如人们的需求是尖券，或者半圆拱，或者三角墙，他们总会从建筑需要上找到理由证明自己的需求正当。所以，毫不令人惊奇，哥特复兴派一边提出这一理论，一边用尖顶窗，好像尖顶窗完全适合现代条件；但是令人惊奇的是，这一理论在吉尔伯特·斯科特那里得到了最充分而广泛的解释。令人惊奇是因为哥特复兴晚期存在两个明显不同的派别：一派是建筑师，诸如巴特菲尔德和菲利普·韦伯；[11]另一派是用花哨的设计赢得竞争的人，吉尔伯特·斯科特属于后者。

184

斯科特的《住宅建筑》发表的那一年有一个绝好的机会让他将自己的原则付诸实践。白厅街上的两座新的政府办公楼正公开招标，吉尔伯特·斯科特自然要参加竞争。他的设计以法国哥特风格为基础，附加一些意大利建筑风格，让外形显得方正而卧式一些。斯科特自己的评价是："我的观点是，我的设计细节优秀，与建筑目的完全吻合。我认为整体设计过于呆板正式，不如其组成部分设计得好。然而即使存在这些缺陷，它依然会是一座宏伟的建筑。那一组设计图纸很可能是竞争参与者中最好的，或者几乎是最好的。"但是评委"对建筑几乎一无所知，令人吃惊"。斯科特的设计不成功。他说，"我对失败并没有过多懊恼"，但是当天得知巴麦尊子爵将所有

---

11 发现巴特菲尔德和韦伯属于同一类有点古怪，但是我记得他们两人都说过自己首先想到的是烟囱是否通风（1949年注释）。

参赛设计弃置一旁，准备指定一个没有参赛的人，"我觉得我有理由制造一些麻烦"。他也确实四处活动，其结果是：他的设计原本在竞争一座办公楼时排第三，在竞争另一座时则根本没有排上名次，在这种情况下，他却被任命为这两座办公楼的建筑师。这种有尊严的自信带来的胜利却在随后的多年中破坏了斯科特内心的平静：设计刚刚完成并获得通过，一位泰特先生——一个古典派建筑师，巴斯的议员——就开始在下议院对斯科特的设计提出反对意见。巴麦尊写道："先生，与这场哥特和帕拉第奥风格之争相比，书籍之战、鸡蛋大头小头之争、康斯坦丁堡绿带和蓝带之斗都算不得什么。"[12]

185
这一次，古典派阵营人才济济。巴麦尊，幽默、不择手段、敏感，比有学问的汉密尔顿先生更能代表普通人。斯科特说"巴麦尊子爵倚老卖老，满嘴胡言乱语"，但是当我们在《议会议事录》[13]里找到巴麦尊的发言时，我们发现他条理清晰。巴麦尊指出，斯科特先生在两场竞争中，没能赢得任何一场，他设计的风格也没有民族性。他自己承认是法国和意大利风格，掺杂一点弗拉芒。而且他坚称带直棂和尖头拱的窗户比一个普通的长方形窗户采光更佳，这有可能吗？最后，他请议会成员看一看查尔斯·巴里爵士在议会街上的古典风格建筑，然后再看一看斯科特先生最近在避难所宽街建起的新哥特风格的建筑。这最后的比较现在仍然可以做。我想，没有什么证据比这个对哥特复兴更不利的了。

"我据理力争"，斯科特说。但是实际上，哥特派阵营几乎没有什么可说的，他们能说的那一点点也没有任何帮助。"六十岁以上的人仍喜爱帕拉第奥；六十岁以下的人讨厌它"，[14]这或许是真的，但

---

12　《议会议事录》(164)，第535页。

13　《议会议事录》(152)，第270页及后。

14　同上书(164)，第535页。

是巴麦尊子爵已经年届八十,冥顽不灵。正当双方辩论达到白热化时,大选将巴麦尊子爵推上了政府首脑的位置。一段拖延之后,他把斯科特召来。斯科特写道:"他斯文地对我说,他不能接受这种哥特风格。虽然他不想妨碍我的任命,但是他仍坚持让我设计成意大利风格。他相信我肯定能胜任这一工作。他听说我在哥特风格上已经取得极大成功。他如果允许我我行我素,我会将整个国家都哥特化。等等,等等。"但是,哥特崇拜者并没有轻易放弃。他们指出正在建造的哥特式公共建筑数量可观;巴麦尊答复古典式建筑仍然占相当大多数。他们引用斯科特的《住宅建筑》,巴麦尊答复他也欢迎一股迎合现代需求的新的建筑潮流,但是哥特不是新风格。他们指出斯科特先生是一流天才,与有史以来最伟大的建筑家相比毫不逊色,他的建筑设计充满优雅和美,闪耀着思想和想象的光芒。巴麦尊不为所动。

186

这场辩论持续了数月。双方都派自己的代表参战,双方都施展手腕,双方都义愤填膺。巴麦尊终于对整个事件厌倦了。他又一次把斯科特召来,用一种最宽容的父辈语气对斯科特说:"我想和你心平气和地谈一谈这件事,斯科特先生。我想了很久。我真的相信你的朋友们说的很有道理。"斯科特说:"我对他的回心转意高兴得很。"停顿了一下,巴麦尊继续说:"我真的相信让哥特建筑师建造古典建筑确实存在某种程度上的不协调。所以我在想是不是要任命一位合作者。让合作者负责具体设计。"斯科特承认他无法当场口头答复,可见这一打击的力度。但是,回去以后,他立即写了一封措辞激烈、态度坚决的信。他告诉我们:"我详细论述了我作为一个建筑家的观点。我指出我赢得过两次欧洲竞标,是皇家艺术研究院成员、皇家建筑师协会的金牌得主、皇家艺术研究院的建筑学讲师，等等。我不记得他是否回复了。如果没记错的话，我还给格莱斯顿先生写了信。"

在从业二十四年中，吉尔伯特·斯科特第一次感觉他需要度假，吸一点海风，再用一些奎宁。在度假中，他为下一个战役做好准备。显然，必须放弃哥特，但是他产生了一个想法，想要尝试用中世纪风格，因为这种风格仍然带有一些古典风格的特点。他决定使用拜占庭风格，并且希望其圆拱能够在巴麦尊子爵那里蒙混过去。斯科特告诉我们，他的新设计构思新颖，效果赏心悦目，但是交到巴麦尊那里之后，斯科特的一线希望也落空了。新的设计既不像这，也不像那，简直就是四不像，巴麦尊根本不予考虑。"我离开时头脑一片混沌，感觉像遭了雷击"，斯科特自述。确实，这样一种处境对于一个像斯科特这样性格的人来说太过痛苦。为一项伟大事业献身的机会从没有比现在更方便地呈现在他的面前。然而，正如斯科特所言："辞职就等于放弃上帝交到我家的某种财产。"他咬紧牙关，开始研究意大利风格。

但是，这些辉煌的设计草图不能完全浪费掉。往北去的行人经常会讶异于圣潘克拉斯那个巨大的结构，它看上去似乎是德国教堂西端和数座弗拉芒市政厅的结合体。他们肯定会感到奇怪，如此奢侈的石造建筑怎么会是一处车站旅馆？这座建筑正是吉尔伯特·斯科特的作品，是他巨大的失望催生的辉煌成果。他写道："人们经常告诉我那是伦敦最精致的建筑。我自己相信它建在那里是大材小用。但是自巴麦尊子爵从中作梗，让我在政府办公楼上施展我的风格的热切希望落空之后，能够在伦敦建起一座这种风格的建

筑,我还是很高兴的。" [15]

吉尔伯特·斯科特一生中再也没有像当时那样代表了哥特复兴的理想。他事业成功的巅峰之作阿尔伯特纪念亭虽然明显受到哥特的启发,但实际是"从中世纪金属、神龛中获得建筑设计启发而建造的现实结构",而不是从哥特复兴的精神中孕育出来的,而且在实施方面也不具备哥特复兴的典型性。它的目的是受到大众喜爱,并且成功地达到了这一目的,而哥特复兴则是要投合有美学或宗教理想的人的需求。当然,媚俗者总会被迫借一撮理想为自己充胖。在阿尔伯特纪念亭中,我们正好可以尝到一个思想单一之人的酵母菌。在工艺方面,有普金的影子;颜色的使用取自罗斯金;而那些工匠则"暗示他们当中普遍存在的节制,此外,还有人评论说很少听到他们粗口",这明显是在呼应卡姆登学会。但是,除去这些小点缀,阿尔伯特纪念亭大部分是彻头彻尾的媚俗主义的表现,因而对于研究趣味史的学者来说,它是一份没有太多价值的文件。检验这样一份文件的标准是它表达了人类想象多变的需要——能够满足一代人的形式对下一代人却似乎毫无意义。但是,媚俗者有意识的需求却是不变的。阿尔伯特纪念亭总是以同样的程度取悦于同一类人,[16]这类人喜欢巨大而看上去昂贵的纪念碑,上面有易于理解的雕塑,而且最好有动物雕塑。为了媚俗,纪念碑上的雕塑做了巨大的让步,取消了一切与建筑相呼应的中世纪风格,因为担心中世纪稀奇古怪的风格会被大众看作与庄重的纪念场合不符。结果,那些明显的"维多利亚时代"形象现在看上去却比普金彻底的中世纪风格更"稀奇古怪",这可真是报应。阿尔伯特纪念亭的历史重要性

188

15 有关外交大楼的争议构成了斯科特《回忆录》的第四章。除去《议会议事录》,我的引文的全部取自那里。最后这个引文来自《回忆录》第272页。
16 不准确,下面的论点也没有说服力。可争辩的是,阿尔伯特纪念亭作为研究文献是维多利亚中期而不是哥特复兴的趣味(1949年注释)。

是巨大的,正如奥斯丁·莱亚德爵士告诉斯科特的:"这样一座纪念碑不可能在英国以外的任何地方建起来。"斯特拉奇先生在他的《维多利亚女王传》一书中为此用了几页篇幅,显示了他对重要的娱众事件的敏感直觉。但是,这一纪念碑没有独立的建筑生命,尽管它显示出一些哥特复兴风格的痕迹,它们被应用得庸俗,像一个政客的演讲中穿插的诗句。

189

　　斯科特对他所处时代的趣味的影响不是通过某一座伟大的建筑,而是通过散布在各处的众多哥特建筑来实现的。从他那装备完善的办公室开始,他使英国布满教堂,全国各地那些带着鲜亮的全新外包装的大教堂表现了他的治疗之触。他的业务规模似乎让他满意,虽然对于更有良知的建筑者来说,这更是一种耻辱。他的业务规模即使在他所处的年代都具有传奇色彩。一次,斯科特已经乘坐6点的火车离开,他的办公室人员发现一封从中途车站发来的电报,电文是:"我为何在此?"另一次,在旅途中,据说他注意到一座正在修建的教堂并询问建筑师是谁。答曰:"吉尔伯特·斯科特爵士。"这是一个典型的表现忙碌画家的故事,但我之前从未听说过被用在建筑家头上。[17]如果我们记得斯科特的注意力主要集中在赢得建筑竞标,而不在具体建造上,这些传说就变得可信了,他对这种锱铢必较的艺术掌握得可谓炉火纯青。一种殷实的氛围萦绕着他的照片般的设计草图,他的建筑前面的街道上行走着穿着考究的人,阳光从窗户照射进来。如果(因为人类的盲目是无止境的)他的设计不被接受,斯科特会准确地拿捏时机召开抗议会议或写信给《泰晤士报》。如果他偶尔失利,反倒成了奇事。有一次,他真的失利了。这次失利对他来说是一次不可估量的损失,因为金额巨大:新的法院大楼。虽然斯科

---

17　这两个故事都出自莱瑟比的《菲利普·韦伯和他的作品》。见《建筑者》,1925年5月1日。

特的蓝图的细节,其优点超过任何他所知的现代设计,虽然他用尽一切手段,试图促使委员会接受他,但是,他还是被拒绝了。有人嫉妒他,斯科特说,天真的他毫无防备,敌人却从隐藏的暗处爬了出来,而且政府机构甚至离间他的支持者。但是,我们没有必要拒绝斯科特失利最简单的解释:裁判不是一帮恭顺且易于操纵的镇委会成员,他们根据设计的优点裁判,而斯科特的设计不是最好的。

190

乔治·埃德蒙·斯特里特,就是在法院大楼竞争中胜出的人,是一位远比斯科特优秀的建筑家。他更严肃、更博学、更个性化。比斯科特优秀的还有巴特菲尔德,他对好建筑有深刻的理解,对唯美有偏执般的痛恨;[18] 还有才气横溢玩世不恭的伯吉斯;甚至还有瓦特豪斯,他对建造的直觉使他建造的房子也比斯科特的更真实(就像卡姆登学会成员会说的那样)。如果本书的目的是对哥特复兴建筑做出批评性评估,那么吉尔伯特·斯科特不会占据几页纸的。但是,为了回答下列问题:哥特是如何变得如此普及?是谁给人们灌输了心灵的模式和批评的标准?那么,他比那些更优秀的建筑师更重要。由于他的业务规模巨大,还有他的自我宣传的功力,斯科特成了哥特的普及者和重要的哥特标准形式的代言人。只有一个人超越了他。他的勤奋和野心永远不能使他取得那种公正的信念所能达到的程度,当斯科特的教堂在众多健康度假村里像春笋一样拔地而起时,罗斯金的明亮的南方风格已经让人炫目,而他关于原则的雄辩让人听得入魔。

191

---

18　"偏执"站得住脚。巴特菲尔德需要一种狄更斯式的残酷。但是他对敏感的眼睛制造了如此众多的震惊,其原因与现代音乐家对敏感的耳朵制造的震撼类似。那是一种残酷,一种不让趣味与温和干扰信念的决心。他是掌握了不协和复音的第一位大师。在韵律中断造成冲突方面,甚至在细节的难消化方面,值得将巴特菲尔德与杰拉尔德·曼利·霍普金斯进行比较。参见约翰·萨莫森发表于《建筑评论》第98期(1945年12月)第166页上的文章。这是关于一位哥特复兴风格的建筑家最好的评论文章。

第十章

# 罗斯金

在前面一章，我们已经看到在1840年之前，几乎没有建筑师对指导哥特复兴的理想和原则有任何共识。举一个例子，我们发现《建筑杂志》的编辑建议使用铸铁花格窗和人造石头卷叶饰。在这个杂志和同一天的《建筑者》中发表的观点很少有不让普金发怒或不让卡姆登学会成员震惊的。但是，1837年，《建筑杂志》开始发表系列文章，标题为《建筑之诗》。在这些夸张的拜伦体文字中，甚至普金也会找到自己充满激情的理想的共鸣。文章作者的签名是颇具深意的"师法自然"（Kata Phusin），无人知晓文章的作者是谁，但文章颇受称赞。[1]我想文章在当时没有产生任何影响，而1838年短命的《建筑杂志》也停了刊，编辑负债一万英镑。直到十年后"师法自然"才又开始发表关于建筑的作品。这一次，他用了自己的真名实姓：约翰·罗斯金，而且这次出版的作品也许是趣味史上所有出版物中最具影响力的：《建筑的七盏明灯》。

　　关于《七盏明灯》人们已经说了许多。但是据我所知，没有任何人提到过这本书对读者最显而易见的一点，即罗斯金观察建筑的方法没有新意，那不过是《七盏明灯》问世前十年间已经习以为常的方法。罗斯金晚年曾说，此书是为了"显示某些正确的情绪状态和道德情感是产生一切优秀建筑的魔力"。[2]与普金和卡姆登学会成员一样，罗斯金也试图用建筑者的品德来衡量建筑的优点。自然，在很多地方，罗斯金使用更长的句子却没有以更强的力度重复

192

---

1　参见《泰晤士报》，1839年2月2日。

2　参见《野橄榄之冠》，第65页。

着普金已经指出的观点。例如，整个"真理之灯"一章是对仿古遗迹的抨击。甚至"美之灯"一章初看似乎是涉及道德最少的一盏灯，但实际上，它不过是哥特复兴的自然原则。罗斯金认为（而且我们认同他的观点），人造的美与自然形式类似，但是当他实施这个伟大的真理时却做得非常差强人意。他争辩说，严格模仿自然形式是保证美的必经之路：[3] 我们已经看到这是哥特复兴教义中的一个首要基础。"记忆之灯"开门见山呼应普金的句子：建筑的历史是世界的历史。"遵从之灯"包含着人们熟知的哥特复兴的诉求：从古代风格中找到一种适应我们的环境和条件的普世风格，并暗示说这种普世风格是早期的英式装饰风格。在小一些的事情上，罗斯金的语气也是我们所熟悉的。一个受过教育的普通人会毫不犹豫地认为下面这段引文出自罗斯金："单纯的赤裸裸的形式，自身虽然可以是优雅的，却是冰冷的、无情感的。我们是否还可以加上不自然的？无论我们是在看造物的无生命的作品，看天看地，看落日，看晚霞，看田野、山岗、树木、花草；或者看有生命的物体，爬行动物、发光的鱼、色彩斑斓的鸟、花哨的飞虫；或是再回头来看神堂、庙宇或是新耶路撒冷的描写，我们看到的每一件上帝的作品——还有什么别的人类感知美的来源？——都是被赋予色彩的。"实际上，这段引文出自一期《教会建筑学家》（III，142），时间在《七盏明灯》出版前五年。

193

所以说，罗斯金在许多方面表达的观点都是世人有思想准备接受的。但是他本人并没有意识到这一点。没人比他更不可能接受同代人的权威而不加质疑。当罗斯金写作《七盏明灯》时，他没有

---

3　他也对这个观点提出异议。讨论罗斯金，每当我们引用他的一个观点，总能找到一个与之完全相反的观点，而且通常是在同一本书中。这种前后矛盾让他高兴。他曾说过，至少自相矛盾三次，他才能感到真理在握。

顾及哥特复兴，很有可能他甚至几乎没有读过这一运动产生的大部分文献。他对他知道的那一星半点也不喜欢，他写道："许多人认为近几年来在我们的建筑目的和兴趣领域产生的骚动充满希望，这我相信。但是在我看来，它是病态的。我拿不准这真是种子的勃发还是骨架的颤抖。"[4] 他独立于哥特复兴派之外的地位——这一点对我们尤其重要——部分起源于他的成长过程。

罗斯金本人在《往昔》中描述过自己的成长过程。他的描写之美致使大部分作家都专注于分析他这一阶段的生活，这有些小题大做。我们从罗斯金自己描绘的关于孩提时代的透明画卷中，可以得出两个深刻印象：一个是极端的隔绝，另一个是严格的新教教义。年轻的罗斯金所处的地位在文人历史中甚为罕见：他是一个富庶人家的孩子，而且深受父母赏识。他的父亲是一位殷实的雪利酒商人，也喜欢书籍和绘画。当孩子的文学天赋初露端倪时——他的天赋表现得相当早，在四岁时就能够写流利的信件，九岁时创作了《欧多西亚，宇宙之诗》——他的父母意识到上帝将一个天才托付给了他们。他们感觉这孩子身体太弱，不宜送去学校，而且太有才华，不宜接受系统的正规教育。他必须与粗鄙的同伴隔绝，与当代文学隔绝，与任何可能玷污纯粹的天才之泉的东西隔绝。甚至当他们允许他成为牛津大学基督教堂学院自费生时，他的母亲在他上学期间在高街租房陪读。约翰·罗斯金每天下午与她一起喝茶。但是在他青年的软环境中有一种紧张的心智横贯其中，这就是他母亲坚定的新教教义。每天有固定的时间接受宗教教育，每天朗读两章《圣经》并学习《圣经》的其他部分。星期日根据清教教规是休息日，多年后罗斯金才在那天读过《圣经》以外的书籍。直到中年，他才开始

194

4　参见《七盏明灯》，"生命之灯"，第3页。

在那一天绘画。在他和父母一起居住的五十二年间,每一个星期日都要在他的画前摆上屏风,把画面上的鲜艳色彩遮住,以免他的头脑在思考人类罪愆时被分心。

我认为,这两个影响在罗斯金青年时期对他是有益的。隔绝使他不必去英国公立学校学习,使他保持了极好的天真的想象力,使他日后对经济学造成了致命的打击。而清教教义又可以抵消父母溺爱可能带来的自我满足。但是在这样一个环境中,罗斯金不可能立即投入夹杂着宗派之争和天主教之争的虚无缥缈的哥特复兴的洪流之中。事实上,《七盏明灯》的一个附带目的是将哥特建筑与高度的仪式主义区分开来,他通过对罗马天主教进行猛烈但无关痛痒的攻击达到这一目的。在发表于三年后的《威尼斯之石》的第一卷中,他加了一个关于罗马天主教现代艺术的附录,特别针对哥特复兴派,尤其是普金。在讨论罗马天主教的起因时,他说:"但是在所有这一切愚蠢之中,最恶劣的是被其表面的闪光蒙骗而误入罗马天主教,像云雀被玻璃碎片诱入陷阱,像被管风琴的哀诉吹得改变宗教,像被教士服上的金线缝进一个新的教义,像听了教堂的钟声而改变意志。我从未见过如此阴暗的错误,如此绝对的白痴,如此令人不齿的狡诈。"这就是卡姆登学会的下场。至于普金,罗斯金将他描绘成"能够想象出的建筑师中最渺小的一个"。在这之后,在他的39卷巨著中,只提到他的伟大的前辈普金一次。在提到普金的一篇评论时,他说:"他的其他文章我们没有读过一个字。从他的建筑风格看,我对他的观点没有丝毫兴趣。"这句话显示,这样一个极其真诚的人竟能说出与真实情况完全相反的话。

195

罗斯金的清教雄辩达到了目的。倘若他没有在描述意大利哥
特的文字中穿插对罗马的攻击,他肯定会被看作罗马天主教的辩
护者。即使如此,查尔斯·金斯莱,这个对罗马天主教保持敏锐警
觉的人还是在罗斯金对意大利风景的喜爱中嗅出了一些怪味。他
写道:

> 将乞丐、跳蚤和爬藤
> 留给罗伯特·布朗宁,
> 将天主教的亚平宁
> 留给悲伤的罗斯金。[5]

他进而含蓄地将这一异端的山脉与斯诺登山的清教岩石对比。
但是,对于大多数读者来说,罗斯金成功地给哥特建筑消了毒。而
且因为他是认真做出这一尝试的第一人,因为他的作品可以被阅读
而不必担心污染,所以他被当作哥特复兴原则的创始人。将哥特建
筑与罗马分离开来或许是罗斯金最彻底的成功。然而可叹的是,这
也是他最不希望看到的。

196 　　任何一位像罗斯金那样喜爱秩序、传统和视觉美的人也一定
会感觉到罗马天主教堂的魔力。甚至在年轻时代深受母亲影响时,
他的内心在出自本能的爱和反复灌输的恐怖之间左右为难。他在
1843年的日记中写道:"纽曼的论文很奇怪,充满智慧,却在倾向上
很可疑。我惧怕阴险,但又喜欢它。"[6]而且,在1848年,他记录下
自己的信念:"所有那些骄傲的柱子和彩绘的窗扉,所有那些点燃的

---

5　这首诗的题目是《邀请:致汤姆·休斯》。
6　参见《罗斯金全集》,库克和韦德伯恩编(下面引用时用库克代表)。这是为一位多产且涉猎
　　广泛的作者编辑的最好版本,为研究罗斯金提供了巨大的方便和愉悦。

油灯和冒烟的香炉,所有那些一致的声音和庄严的管风琴的音乐,在这罗马天主教堂都有它们正确和神圣的用途。"[7]同年,罗斯金在《七盏明灯》中做了一个注解,称天主教解放法案是民族的罪恶,对此上帝会专门惩罚。很容易看出,这些话语是相互印证的。他对罗马的猛烈攻击用心理学家的话说就是防御机制。但是对于一个像罗斯金这样勇敢的人,这不会对他的作品造成永久性的影响。他一直没能取得一种真与美的完善的综合,从未达到自己的原则与情感的调和,而且也不能从自己漂亮而惊人的结论中逃脱。这个结论是:他从未遇到过这样一个基督徒,其心灵在人类判断力所及的范围内,在上帝面前是完美而正义的,而此基督徒能对艺术表现出丝毫关注。[8]但是,人过中年,罗斯金已能安于使不一致的成分在内心和平共处。那些过激的清教徒的段落已经从《七盏明灯》的1880年版,从那本他称为"充满喧嚣的书"中删除。尽管他强烈地试图将情感与教条捆绑在一起,罗斯金的情感最终总是要脱身而去,而奇怪的是,恰恰是他的情感而不是他的新教教义,对他作为哥特复兴旗手的身份是最致命的。

197

从现代艺术批评的角度来看,罗斯金这样的对道德的反复诉求显得奇怪,而且现在人们总是将他的原则与他的道德诉求联系在一起。然而,他的同代人感觉正好相反。说起罗斯金,他们总是指出是他将建筑建立在美学的基础之上,他们这样理解是完全正确的。《七盏明灯》中的理论是罗斯金时代的理论,其中表现出的情感是罗斯金自己的情感。有一次,他写信给父亲说:"我不把自己看作一个伟大的天才。但我相信自己有天赋,不是纯粹的聪明,因为我不具

7 参见库克,第8卷,第268页。
8 同上书,第10卷,第124页。

备常人的那种聪明,律师、医生和其他人的那种聪明,但是我内心有一种我无法分析的强烈本能。这是一种绘画和描述我喜爱的东西的本能,不为名利,不为他人的福祉,也不为自己的功利,而是一种类似吃喝的本能。我乐意将整个圣马可大教堂和维罗纳的每一块石头都画下来,把它们一口一口全部吃进我的心灵。"[9]正是这种强烈的情感使得罗斯金成为如此伟大的艺术批评家。甚至在理论探讨最多的部分,我们也会感到一阵清风吹过,使得《七盏明灯》中艰涩教条的火焰在生命的火花中翩翩起舞。

但是这一特性,虽然能使我们产生共鸣,但对哥特复兴派或18世纪来说却是格格不入的。他们认为罗斯金首先感到某一个物体是美的,然后才将它嵌入某一个理论。他自己也承认他或许可以将明灯的数量无限增加。没有任何复兴能建立在这样无原则的经验主义的基础之上。从罗斯金的角度,他发现很少有哥特复兴式建筑能够满足他对美的饥渴,而且大多数肯定不合他的口味。当然,它们使用的形式对他有强烈的吸引力,而且它们弹奏的曲调也是他的曲调,但是它们弹得非常蹩脚。

所以,我们可以理解为什么在1848年罗斯金对哥特复兴持敌视态度。而在1855年《七盏明灯》的第二版前言中,他说他希望改正"对哥特复兴风格的怀疑态度。这种风格在目前应当被我们的建筑师一致采纳。我现在毫不怀疑现代北方建筑的唯一正确风格应当是13世纪的北方哥特风格。其典型范例在英国特别表现在林肯和韦尔斯的大教堂,在法国则是巴黎、亚眠、沙特尔等地的大教堂"。[10]在这些年里,罗斯金已经变成一个哥特复兴主义者。他具体是如何

198

---

9　写给父亲的信,1852年6月2日。参见库克,第10卷,第25页。
10　参见库克,第8卷,第12页。

以及在什么时间改变了自己的观点，我找不到答案，但是他的转变
是不可避免的。他对威尼斯石头的研究工作引导他细致研究哥特
建筑并变得越来越喜爱它们，他对旧哥特风格的钟情使他克服了对
新哥特的偏见。在这部伟大作品的结尾处，他明确表示我们必须在
英国采纳哥特。"让我们用这种风格建教堂、宫殿和农舍，但让我们
将这种风格主要用于民用建筑。"因为他的清教良心尚未麻木，所以
"哥特式礼拜堂中最美丽的形式不是那些最适合新教礼拜的形式"。
然而，他又盛赞玛格丽特街上的一座哥特复兴式教堂，[11]他说："能做
到这样，我们就可以做任何事。"或许他提倡复兴是与他支持始于
1851年的拉斐尔前派相关联的，他首次积极参与的复兴运动——牛
津博物馆——显然也是一次拉斐尔前派的活动，这一点我们后面还
会看到。但是不管出于什么原因，到1855年，罗斯金已经在理论和
实践上对哥特复兴做出了贡献。

　　我们将会看到，罗斯金所倡导的许多理论都是复兴派已经赞同
的。但是，他的有些观点与普金及其流派大相径庭，而恰恰是这些
观点对我们的研究至关重要。或许这些区别源于普金是职业建筑
家，而罗斯金是艺术批评家，因此罗斯金强调装饰的重要性而普金
强调建筑的重要性。普金相信一座工厂或一个火车站如果建造得
结实、简约而大胆，这样的建筑自然就是美的。但是，罗斯金的美的
概念是如此复杂，如此微妙，被各种色彩和泛音带来的联想和共鸣
环绕着，是不会允许这样粗糙的理论存在的。对他来说，一座工厂
必然永远是可憎的。毫无疑问，受普金理论影响的建筑师要理智而
有逻辑得多。菲利普·韦伯就是这一流派的典型成员。罗斯金写

199

---

11　巴特菲尔德建。于1849年开始，之后十年间一直在装饰。卡姆登学会有意将这座教堂当作
　　样板，其中包含了许多我们称之为罗斯金风格的特征，例如平行彩色砖带，但是这些特征出
　　现在《威尼斯之石》出版前三年。巴特菲尔德可能是从研究锡耶纳大教堂中得来的灵感。

道:"这是一条普世法则:如果你不是一个雕塑家和画家,那你不可能成为一个伟大的建筑师。如果你不是一个雕塑家和画家,你只能成为一个建筑匠。"[12]而韦伯会这样回答:"我恰恰想要当一个建筑匠。正是你们这些唱高调的建筑家把我们带进目前的窘境。而摆脱目前状况的唯一出路只有建造坚固、实用而经济的建筑,窗户不漏风,烟囱不倒灌。在此基础之上,我们再谈发展新的风格。"这种原则表现出极强的存活力,至今仍庇护着持不同理想的人,诸如莱瑟比教授和勒·柯布西耶先生,几乎全部欧洲大陆的年轻建筑师都奉之为福音。他们告诉我们,今天创造的东西,那些有特色、具有权威性和易居住风格的建筑只能是线条和主体从属于统一的建造目的的建筑,正如大马力的汽车和美国的谷物播种机那样;正如最近一次独立沙龙展出的一幅画,上面是一座立在大厅入口处的加油站,这样显著的位置在五十年前会被代表第三共和国兴盛富足的象征所占据。

200

　　当然,罗斯金并不否认这样的建筑的价值,但他确实否认那就是好建筑。他否认的理由包含着他的哥特理论的主旨,对自甘建筑匠的一派他会说:"用你们的原则建起来的房屋不过是一个长方盒子,上面挖几个长方形的洞而已。这样的盒子没有风格,不是建筑。但是如果窗户比绝对需要稍微加大或缩小,或者稍许添加一点窗框饰条,那么你就赋予了它风格。这些没必要的东西就是装饰。盒子建起来是为人的物质需要;但是装饰,不管多么微不足道,哪怕仅仅是烟囱的重组,其存在是为满足人的非物质、精神或想象的需要。"这就是罗斯金的《七盏明灯》开篇的主旨,其格言是:"任何建筑都对人类心灵产生某种效果,而只为人类躯体提供某种服务。"他认为

---

12　爱丁堡演讲的附录。参见库克,第12卷,第85页。

建筑应当对人的"心智健康、力量和愉悦"做贡献，这一信念使他重视装饰。我认为，即使最严苛的建筑匠派也会接受这一观点，而且他们的建筑肯定也都表现出明显的风格，即包含许多不必要的特征。然而他们会说，虽然一定数量的装饰不可避免，但是装饰不如建筑本身重要，而且应当存在于结构设计上而不是细部上。这里提出的问题不能通过讨论解决。出于对罗斯金的辩护，我建议读者做一个试验。想象一座你中意的大教堂，门面全部换上新石材，将结构设计上的装饰原样复制，但在细部使用人造石料，而且是用一到两个方便的模子浇灌出来的人造石料，并将全部模饰用机器切割成一到两种定式。这个试验会让你明白装饰在哥特建筑中所起的作用。

罗斯金坚信装饰非常重要，而且通过观察中世纪的装饰，他发现这些装饰虽然粗糙却生机盎然，远远超过现代装饰。他认为其优越性在于每一个工匠在制作过程中都可以自由发挥，而且乐此不疲。自由、谦恭和喜悦，这些是哥特装饰产生的环境，而那些坐在整洁高雅的房间里读着罗斯金的文字而吃惊的读者是奴役、傲慢和郁郁寡欢的必然产物。这一思想在罗斯金的《七盏明灯》最好的一章——"生命之灯"——中已有所表述。但是，其最完整的展开则是在他的《威尼斯之石》中著名的论哥特性质的一章中。对我来说，该章的前半部分堪称19世纪最高贵的文字。[13]即使是现在，尽管它表述的思想已广为接受，尽管它倡导的主张已经过时，我们读到它时仍不免热血沸腾，仍要痛下决心去改造世界。难怪这一章对罗斯金的同代人产生过深刻而即时的影响，书出版后不到一年便被摘出来单独重印，卖给工人，售价6便士。[14]它给了威廉·莫里斯灵

201

---

13　直到第50页末。之后有几段不知所云，然后天空放晴，出现了关于哥特建筑特征最清晰的表述。

14　参见库克，第11卷，第60页。

感,成为柯姆史考特出版社最早出版的书之一。[15]但是,其影响主要不是对建筑的影响。罗斯金,像卡姆登学会一样,不得不从建筑的优点退回到讨论建筑背后的人的价值。正如卡姆登学会的简单信条,即有道德的人建造好的建筑,几乎导致了对垒砖工人骂人习惯的压制,罗斯金关于哥特装饰的深刻得多的理论把他从一个建筑批评家变成了一个社会批评家。这条新路我们不能跟从。

202 　　然而在另一个方面,他的文章确实对建筑产生了一种具体且显而易见的影响,因为这些文章广泛传播了意大利尤其是威尼斯的哥特风格。他不建议在北方国家使用这种风格,事实上,在《威尼斯之石》的结尾处,他推荐使用英国的"盛饰式"风格。但是,他对威尼斯建筑的热情赞颂让人对新奇的风格都跃跃欲试。

　　很难相信罗斯金对威尼斯的赞许有多少新意。现如今,很少有人觉得那个地方不吸引人。一百年前,一个没有游客,没有修复,没有明信片叫卖,没有电动船的威尼斯一定像仙境一样超出我们的想象。有些人生逢仙境,另一些人却不知何故视而不见。吉本写道:"在意大利的所有城镇中,我对威尼斯最不满意。破旧,总体来说极不合理的房屋,破损的绘画和散发臭味的水沟,夸张的运河的名字显得很有气派,一个巨大的广场周围点缀着我见过的最蹩脚的建筑。"虽然到罗斯金的时代,威尼斯已被公认为风景如画,但是建筑批评家仍然认为威尼斯的哥特建筑非常丑陋,对圣马可教堂的赞许被视为失去理智的表现。[16]

　　当我们考虑对猎奇的反应和喜爱在趣味形成中所起的作用时,我们不难看到为什么人们听到了罗斯金对威尼斯哥特风格的赞赏

15　参见麦凯尔,第1卷,第36页。
16　参见库克,第9卷,第44页。罗斯金引述一位同时代建筑师关于圣马可教堂和总督府的观点——"比我前面提到的任何建筑更丑。"参见《七盏明灯》,第5章,第14页。

而忽视了他对英国风格的合理推荐。伊斯特莱克就是罗斯金的影响最好的见证人，整个过程都发生在他的眼皮底下。他记录下的是活生生的影响，他写道："那些一年前还满足于把普金当作领袖的学生，或者那些用《教会建筑学家》的观点塑造自己的艺术观的学生，像发现了一个新天地似的蜂拥而至。他们在设计习作中大量引进意大利哥特的成分：教堂里，圣马可的'百合花柱头'与穆拉诺岛的拜占庭浅浮雕和镶嵌壁画并排出现；市政厅复制了总督宫的拱式构造和立柱；庄园里则有从巴格廷街借来的胸墙、从黄金宫借来的窗户，等等。他们在动物园画速写，将鸟兽和爬虫的形状按照惯例画成'高贵的滴水兽'，用作装饰雕塑。"

203

"不止于此。许多已经建立起自己业务的建筑师也开始思考，或许在这个新的原则中有值得注意的东西。渐渐地，他们也开始接受这一影响。大理石圆碟，错齿式线角和其他意大利哥特的细部也开始逐渐进入伦敦街头。然后，彩色砖带（主要是红砖和黄砖）被引进。楔石拱也被用同样的方式加以处理。"[17]

所有这些充满远见、热情且妙趣横生的显著结果让罗斯金深深苦恼，他后来甚至不承认自己对这些结果负责任。[18]但是他不能摆脱干系，因为唯一一座其建造直接与他相关的建筑，那座对"哥特性质"做了实地的永久性脚注的建筑，正是威尼斯风格。[19]那就是牛津大学博物馆，关于它的故事包含了诸多典型的哥特复兴的特征，值得重新详细讲述一遍。

1854年，经过亨利·阿兰德博士七年的不懈努力，[20]牛津大学

---

17　参见伊斯特莱克，第278页。我没有引用罗斯金影响的其他例子。

18　见下，第210页（指本书边码）。

19　参见库克，第16卷，第3页。

20　参见阿兰德博士的《牛津博物馆》。整个故事见 J. B. 艾特雷的《阿兰德爵士传》。

终于决定建造一座以研究自然科学为目的的博物馆，并且发出设计
招标的公告。在众多的设计图纸中，有两份被选中。一份是帕拉第
奥式的；另一份写着一句《圣经》诗篇："若不是耶和华建造房屋"，
是哥特式的——"最好的维罗纳哥特"，浩特教授说，"最有男子气
魄的那种，一种过目不忘的全新组合"。这个设计出自迪恩和伍德
沃德先生，他们已经应用罗斯金的原则设计了都柏林三一学院的博
物馆。罗斯金是阿兰德的老朋友，从一开始就对博物馆建筑感兴
趣，而且自然是哥特设计的热情支持者。但是他的支持是对其风格
广义上的支持，而不是对设计本身的赞赏，他写道："我认为它虽然
说不上是一流设计，但是在目前情况下已经足够好了。"库克说：
"但是渐渐地，他变得热情起来。而且他与伍德沃德的熟悉使他彻
底改变了态度。"[21] 将哥特和古典风格混在一起引来了常见的风暴
般的攻击。最终，评委会投票68比64，哥特设计获胜。罗斯金写信
给阿兰德说："我刚刚收到伍德沃德送来的你的电文。我要感谢上
帝，然后好好睡一觉。我认为这件事意义重大，对你对我都是如此。
这个博物馆不但将成为与人为善的根基，而且我认为它也是任何一
个理性的生灵在这个世上所希望做到的。"罗斯金确实希望这个博
物馆能够实施他的原则。伍德沃德对他的《威尼斯之石》崇拜有
加，而且是拉斐尔前派的朋友，这更增强了他的希望。米莱斯和西
德尔小姐为伍德沃德的都柏林图书馆设计过柱头，罗斯金下决心要
让整个拉斐尔前派的成员都加入博物馆的工作中。他写信给阿兰
德说："我希望能让米莱斯和罗塞蒂设计花卉和动物边饰——鳄鱼
和各种虫类——这些都是你特别喜爱的，还有巴克兰夫人的'奇妙
的样品'。我们将把这些都雕刻好，和蛇形的康沃尔石一起镶嵌在

204

---

21　参见库克，第16卷，第43页。

窗户四周。我将自己出钱支付大部分费用，不担心找不到我们需要　　**205**
的资金。"罗塞蒂没有为博物馆设计任何东西，但是他劝说他的朋友
参加了设计。在一次去牛津访问为博物馆设计提供改进意见时，他
看到伍德沃德设计的另一座建筑，协会图书馆，而且爱上了它——
结果已是众所周知。然而，罗斯金对每一个细节都感兴趣。当伍德
沃德生病时，他接手工作，为博物馆设计了许多部分，但是最终只有
一个，即一楼中央隔间左侧的窗户，得到了实施。在罗斯金设计的
细部中，只有这个窗户及六个托架实现了，尽管一般的牛津大学学
生将牛津的大部分现代哥特建筑都归功于他。罗斯金还亲手砌起
一根内柱，但是后来发现需要拆掉由专业砖瓦匠返工。

　　但是艺术家偶尔的贡献尚不能复兴哥特精神，它只能从雇来的
工匠的热情中涌出。一段时间里，罗斯金的希望似乎得到了满足。
伍德沃德从爱尔兰带来了他的工匠，这些工匠在牛津形成了一个小
范围的独立聚居区，过起了严格的集体生活。令罗斯金高兴的是，
他发现石匠对精细设计的兴趣使他们更加集中精力，他们精致的雕
刻非常干净利落。罗斯金尤其对奥沙兄弟俩感到满意，其中之一是
雕刻家，极具创意天赋。每天早晨，两兄弟从植物园里搬来植物，
按照植物的样子复制到柱头上。不只是植物，还有动物，都在他们
的凿子下显出了生命。然而时间一长，这种专心致志和创新必遭惩
罚。一个下午，奥沙心急火燎地闯进阿兰德家，喊道："刚才校长看
见我站在脚手架上。他问：'你在凿什么？''猴。'我回答。他说：　　**206**
'马上下来。不许你破坏学校的财产。''是伍德沃德先生让我干
的。'他说：'马上下来，下来。'"

　　阿兰德说："第二天，我去看发生了什么事。奥沙正在用力锤着

窗户。'你在凿什么?'我说。'猫。'校长走过来说:'我让你住手时你正在凿猴。''今天是猫。'校长气急败坏地走开了。"

校方还是胜利了,奥沙被解雇。但他走前实施了报复。阿兰德讲述他看到奥沙站在门廊里的梯子上,正用米开朗琪罗式的愤怒敲着石头。

"'你在干什么,奥沙?我以为你已经走了。'

"奥沙手不停锤地大叫:——

"'鹦鹉和猫头鹰!鹦鹉和猫头鹰!评委会成员。'

"真是那样。隔一个敲掉一个。

"我能干什么? 我想了想说:'奥沙,你必须把它们的头敲掉。'

"'绝不。'他说。

"'马上。'我说。"

就这样,它们的头都被打掉了。它们的身体尚未发育,却留在那里,现在可能还能看到,虽然很少有人能从它们那些不成形的躯体中看到,这是官方愚蠢的耻辱柱。

早在奥沙被解雇前,博物馆的支持者已经开始打退堂鼓。1858年,阿兰德给罗斯金写了一封表示疑虑的信。罗斯金回了一封语气冷静的信安慰阿兰德,信中说:"我们总应该做好一定程度的失望的准备。"但是,当时他没有意识到他的失望会有多深。第二年,校方迈出了典型的一步,他们已放任建筑施工四年,现在他们决定停止提供建筑完工所需的资金。从未与法人团体打过交道的罗斯金对此感到吃惊,他写信给阿兰德:"这一困难我没有预料到。我需要巨大的努力才能想象出这种困境。"他的信被公开发表,再加上阿兰德的各种恳请,校方仍不为所动,建筑也一直没有完工。在罗斯金满

207

怀希冀的24扇窗户中,只雕刻了6扇,还有一扇雕刻了一半。内部的400个柱头和基座,有300个尚未雕刻。最坏的情形是,伍尔纳精雕细琢的门厅,其设计是为整个立面提供深度和统一性,则根本没有动工。设计至今仍保存在大学美术馆内,静待趣味的转变和一位合适的百万富翁。

博物馆的现状没有让任何一方感到满意,我能找到的对它的最高赞赏是"整体的色彩效果在阳光明媚的日子里显得非常迷人"[22]——当然,环绕在草坪和树荫中的大部分建筑都如此。甚至这座建筑最热心的支持者也感觉它太萧条,但他们最终将之归咎于建筑未竣工。然而罗斯金却过于敏感,过于认真,他不会轻易接受这种自我安慰。出于对伍德沃德的忠诚,他从未批评过博物馆的设计,但他没有隐藏自己对建筑施工的看法:带色彩的装饰部分全是粗鄙的,[23]建筑材料都是普通的砖片,[24]最好的雕塑也不过是对自然的蹩脚模仿,出自一帮缺乏传统和技术的工匠之手。[25]多年以后,当他在博物馆内做报告时,他坦承这座建筑完全没有达到他的预期。我想,这大概就是他对该建筑的观点,即使"校方没有在建筑立面雕刻上吝啬的形象"。[26]

罗斯金对哥特复兴的热情没有持续很长时间。待到公众将他看作整个运动的领袖之时,他已经处于一种无可奈何的幻想破灭状态,这一状态进而逐渐发展为对所有现代建筑的深切痛恨。例如,在吉尔伯特·斯科特和巴麦尊的斗争中,人们认为他是哥特一方

208

---

22　参见伊斯特莱克,第284页。

23　给父亲的信,1859年1月6日,库克,第52卷。

24　参见《现代画家》。

25　参见阿兰德在《牛津博物馆》一书中的第二封信。

26　同上。但这段引文和前面阿兰德的引文都没有出现在阿兰德的书中,而是出现在库克,第16卷,第227页。

的领袖,《每日电讯报》[27]写道:"这场论战,对罗斯金先生来说是一个天赐良机,一次意外收获,一场末日情景。"他的文章在议会辩论中被引用。吉尔伯特·斯科特在向古典派做出最终屈服时为自己辩护说:"甚至罗斯金先生都对我说我做得对。"幸好斯科特没有见到罗斯金写的一封信,信中表达了他对这场辩论和对复兴的总体感受,"你们正在英国进行一场关于哥特和意大利风格的很有意义的讨论,是不是?最可笑的是,除了没人知道哪个风格是哪个风格,也没有一个大活人知道怎样建造任何一种风格。可怜的斯科特,真是一只蠢鹅。(他会被气得肝大,大得足够摆鹅肝宴了。)他不会建造任何东西。如果我是他,我就给巴麦尊子爵建一座办公楼,把里面的柱头全部倒过来,然后告诉他这是希腊风格。柱头倒过来是代表政府党派更替的典型方式:今天向上,明天向下。"[28]1860年之后,我在罗斯金的全部作品中只找到一处对一座完工的哥特复兴风格的建筑的正面评价,这座建筑是瓦特豪斯的曼彻斯特巡回法院,罗斯金称其为"按照我的原则建造的,远远超过任何其他建筑"。他这样说或许是受到一个不可抗拒的事实的影响:"这座建筑设计的秘书在年轻时把《威尼斯之石》的三大卷都誊抄了一遍,并且描摹了每一幅插图。"看到自己的原则被用于实践中,喜悦之情有时自然会让他忍不住要赞赏某个设计。他的喜悦从未经受住设计的实施。他于1872年写道:"我不怀疑公众会从斯特里特的法院建筑中得到满足,有甚于五十年来的任何建筑。"但是这座法院直到1874年才破土动工,正如库克所说:"所以,不幸的是这封信中所表达的希望不是对建筑本身表达的观点。"

209

---

27  见1859年8月31日。
28  给 E. S. 达拉斯的信,1859年8月,见库克,第36卷,第315页。

更多时候，他的原则的实现给他带来的只有痛苦，因为由于某种怪诞的反讽，由他的原则激发出灵感而建造的建筑却让他痛恨。

他说："就我本人而言，我宁愿建筑师不要屈尊采纳本书表达的任何观点，这比片面地采用要好得多，那样做的结果是把我们的工厂烟囱用黑红相间的砖头砌得光怪陆离，用威尼斯式的花格窗装潢我们的银行和卖窗帘的商铺，把我们的教区教堂压缩成灰暗湿滑的怪物，正好为廉价着色玻璃和波形瓦做广告。"他在另一处写道："我对从这里到布罗姆利的几乎每一所廉价乡村别墅的建造者都有间接影响。靠近水晶宫的几乎每一家酒吧都在从安康圣母教堂或奇迹圣母堂抄袭来的仿威尼斯式柱头下贩卖杜松子酒和必打士酒。我搬离现在住所的主要原因是它被可憎的弗兰肯斯坦怪物包围了，而这些怪物也是我自己间接地咎由自取。"[29]尽管罗斯金不断抗议，"条纹培根"风格却继续在使用。在信念的激情下，公众的理智将接受任何打在它上面的印章。这个印章无法抹掉，除非被同等的激情或时间的缓慢磨蚀去除。罗斯金在人们的想象中打上了某种形状的印章，这些印章将被不断地使用，而且无人会质疑它们是否合适，直到它们被磨尽。当罗斯金声明要与这个自己的激情造就的丑陋儿子摆脱干系时，没人听他的。

罗斯金最终对哥特复兴幻想破灭，正如他最初的不信任一样，是出于他对美的敏感。在他的晚期著作中有大量证据表明他痛恨这一运动，因为它毁坏美丽的建筑并且建造丑陋的建筑。虽然他对新建筑的丑陋已经听之任之，但是他对他珍惜的所有建筑被系统化

210

29　给《佩尔美尔报》的信，1872年3月16日。该信是回应指控说他的直接影响坏，间接影响好。参见库克，第10卷，第459页。

地拆除无法容忍。1874年，英国皇家建筑师协会有意授予他奖章，作为答复，他写下了欧洲四座最漂亮的建筑的名字，这四座建筑当时正在被拆除。协会为拯救这些建筑做过任何努力吗？协会对每年遭受同样命运的数百座其他的建筑做过任何努力吗？协会当然没有。事实上，罗斯金知道但没有点明，协会的成员正在领导英国的拆除工程，而协会的主席正是吉尔伯特·斯科特爵士本人。

罗斯金在早期建筑著作的新版本中添加的注释大部分是对美被破坏的悲叹。在《威尼斯之石》中，他对一座英国大教堂的壮观的描述[30]变成了嘲弄。对于"镶满粗糙雕塑的剥蚀的高墙"，他建议我们去看"斯科特先生漂亮的新胸墙，上面站着一打从肯辛顿送来的国王"。在《七盏明灯》中，他增加了一个新的前言，汇总了他对这场本该由他领导的运动的抱怨。"我从未打算重新出版这本书。它已经成为我写过的书中最无用的一部。书中那些以洋溢的喜悦之情描述的建筑现在或是正在被拆除或是被刮削和修补得平整而装模作样，比一片彻底的废墟还惨不忍睹。"

没有什么比罗斯金和真正的哥特复兴派对修复所持的不同态度更清楚地表现了他们之间的鸿沟。对于卡姆登派来说，修复就是用一个好东西替换另一个好东西；或者，如果新建筑的风格比旧的更纯洁、更真实，就用更好的东西替换之。他们采用某种风格建造，不是因为这个风格美，而是因为它更正确。但是对于罗斯金来说——他受自己细腻的敏感制约——修复永远意味着"一座建筑所能承受的最大的总体破坏"。[31]从我们现在的角度来看，罗斯金不是成就了哥特复兴的那个人，而是破坏了哥特复兴的那个人。他发

211

---

30  参见《威尼斯之石》，第4卷，第10页。
31  参见《七盏明灯》，"记忆之灯"。

现复兴派，由于被一种宗教派别即一种神圣使命感[32]的强大武器武装起来，是一个僵硬的宗派。这个宗派建立在信仰之上，而不是作品之上，他们有一套作茧自缚的绝对逻辑和绝对自信。众所周知，有信念的少数群体会做任何事情，但是正当公众中的那个小群体注意到建筑业正在被卡姆登派的大胆和思辨争取过去的时候，罗斯金出版了他的《七盏明灯》。我们可以看到他是一个多么危险的人，正如吉尔伯特·斯科特告诉我们的，哥特运动的倡导者将复兴看作"部分有宗教性，部分有爱国性"，[33]罗斯金反对其宗教性，又通过引入意大利哥特风格伤害了其爱国性。他的热情和口才是他致命的天赋，只要他称赞一种风格，他的同胞就立即跟风。如果他称赞一种风格完全因为他发现这种风格很美，其结果就是百花齐放。但是，卡姆登学会成员没有意识到他的危险，他们被罗斯金与他们自己的表面相似蒙蔽，慷慨地忽略了他反天主教的口气而赞赏他的原则，允许他在他们整洁的花园里撒下种子，而后他的种子立即疯长成异国野草。

同时，撒种人却甘愿将这错综的杂草付之一炬。1880年，当我重读这本先成就后毁掉哥特复兴的书时，当我停留在质疑哥特复兴运动价值的那句话时，我读到了罗斯金增补的一个注释："我高兴地看到自己在那么早就那么有见识。"

212

213

---

32　"哥特运动的热情鼓吹者和共享者愚蠢地自我吹嘘，认为他们的冲动是超越自然的，是上天赐予的。他们生逢盛世，受环境驱使，被事件引导，成为上苍的工具，以完成一次伟大的复兴。"参见斯科特的《回忆录》，第372页。这一段是他在1878年写的，评述一种新的"安妮女王"风格。他称这种新风格是"对哥特运动令人厌烦的干扰"，因此他用了"愚蠢地自我吹嘘"这种说法，这在1870年之前是不会出现的。

33　参见斯科特的《回忆录》，第372页。

# 后 记

我们永远不会忘记哥特复兴。它改变了英国的面貌：新建的和修复的教堂遍布英国乡村；哥特式银行和百货店，哥特式旅店和保险公司充斥大小城镇；各种各样的哥特风格无处不在，从市政厅到贫民窟里的酒吧……没有任何一条英国主街不受到复兴式的光顾。郊区的改变也同样显著：那股反叛古典形式的冲动，那股从中世纪建起一个新的理想世界的冲动至今仍半心半意地呈现在成千上万间死气沉沉的带山墙的郊区住宅中。

这是一片多么可悲的建筑荒原！这是一座多么可怜的献给普金、巴特菲尔德和斯特里特的纪念碑！

当然，评判一场艺术运动不能根据其广度，而是要根据其最佳成果的美，而目前[1]我们尚不适宜对哥特复兴形成这样的评判。早在1880年，诺曼·肖的所谓安妮女王风格就已经对哥特派构成了威胁。到了1900年，哥特复兴已经不再构成一个流派，人们只因建筑需要才使用哥特。趣味再一次从直立摆回到水平，从尖拱所表现的强烈而自信的音乐回流至浅弧所代表的舒缓的曲调；从多刺而无规则的蓟花倾斜向光滑而甘美的水果。但是，虽然控制我们视觉的古典反作用会导致危险的评判，我相信没有任何人会否认哥特复兴式建筑是令人失望的。实际上，我们会发现一场传播如此广泛，让那么多人投入大量激情和努力的运动竟然以失败告终，这真令人难以置信。难道我们没有反思吗？或许任何试图复兴中世风格的

214

---

1　指1927年，在1949年或许就不成立了。

尝试都不可避免地伴随着难以逾越的困难。

其中许多困难是显而易见的，而且在每一次风格之争中，复兴的反对派已多次指出。哥特式窗户比简单的长方形窗户采光差，这一事实已经说得足够多了，另外，哥特式的细部更容易积攒灰尘。麻烦存在于复兴的根基上而不是在任何操作细节上，虽然如此，哥特在民用建筑中的应用确实存在一个非常重要的操作困难。城市街道的外观呈现于中世纪建筑和现代建筑之间。中世纪建筑是圆形的，而现代建筑，即街道建筑是直的。你可以围着中世纪大教堂走一圈，观赏其尖顶与扶壁的无穷的互动，但是街面却完全取决于建筑物正面。在意大利，街道建筑确实在哥特风格仍然流行时便已出现，正是出于这个原因而不是因为他们喜欢欺骗，意大利人为他们的哥特式教堂建起了正面。但是一个合格的哥特复兴建筑师是不会接受这一点的，因为这是对他所珍惜的中世纪建筑的否定。现实性、自然性、多样性、真实性，所有这些特性都要为这样一个平面的冒牌货所牺牲。复兴派领袖所能容忍的唯一正面建筑是威尼斯建筑，罗斯金认为这种风格的建筑非常美，他不得不为它做道德辩护。但是，更理智的建筑家意识到威尼斯哥特风格不可能照搬，因而更忠实于真实和无规则的理念，其结果是一系列缩进和突出，将街道的直线打乱，浪费了宝贵的地面，全然不顾现代民用建筑的主要问题。[2]

215

在教会建筑中，复兴风格在变化的环境中遭受的损失相对较少，而且确实取得了一定程度的成功。但是，虽然礼拜的程序在三百年间变化很少，乡村教堂的功能却缩减了很多。教堂已经不再

---

2 这是本书中最愚蠢、最狂妄的句子。我对"现代民用建筑"所知甚少，但是如果我认真思考一下，我会意识到所有城镇的美都依赖于"宝贵地面的浪费"。其实，不需要走远，在牛津高街上我就会看到"街道缩进和突出"打乱一条直线带来的美感（1949年注释）。

是俱乐部和戏院的结合,甚至已经不再是心智和精神生活唯一的中心。综合性和宏伟已经消失,这一损失表现在当年的建筑上。自命不凡、闪闪发光、软弱无力、斤斤计较,身处哥特复兴式教堂里,这些形容词会出现在你的脑海之中。与之相对的是对老式哥特教堂熟悉的描述:相当粗犷,但宽敞、平和,而且充满生机。

　　精神层面的狭窄对小教堂来说通常是致命的,而当复兴建筑家尝试建造一座大教堂时,这往往变得加倍危险。因为一座中世纪大教堂相比教区教堂,更是人们各种活动的中心。很长一段时间以来,教区教堂凝聚着整个教区最卓越的努力和愿望。然而,复兴式的大教堂受到资金和时间的严格限制,而且教堂所在的整个社区对教堂的建造没有表现出丝毫兴趣。对于这个困难,没有人比普金看得更清楚,他经常警告教区委员会说,他的设计将需要五十年到六十年才能完成。有一次,他写信给一位主教,信中说:"我亲爱的主教——再加30先令,就可以同时盖一座塔楼和尖塔。A.W.P."中世纪的建筑师经常终其一生只能建成一到两座建筑,但是我们看到,这一事实并没有妨碍吉尔伯特·斯科特建起730多座建筑。其结果是,他的建筑都有一种预制的千篇一律的外貌,而这一特性是哥特建筑的第一大忌。罗斯金坚持不懈地指出这一点:真正的哥特不是在建筑师的办公室里,而是在建筑工地上造出来的。

　　哥特依赖细节。任何一位建筑师,无论他多么有才华,没有一批娴熟的工匠,他也无能为力。这正是哥特复兴和文学的浪漫主义之间的最大区别。正如杰弗里·斯科特所说,最睡眼惺忪的印刷工也能把拜伦和华兹华斯的诗排出版来,但是中世纪工匠的传统技术没有一个世纪的时间是很难学会的,而到1800年,这一技术已经失传。工匠手艺的重要性如此显而易见，以至于早在怀亚特时代，建筑师就已经开始花功夫训练优良的雕刻匠，而且我们已经看到，议会大厦的重建训练出了一大批工匠。尽管如此，复兴细节仍然是复兴的各个分支中最不成功的部分。这一运动在世纪末产生了一批漂亮的建筑，但是正如诺曼·肖所指出，背面总是比前面好。关于这种失败，我们可以从斯科特的《回忆录》中发现一些蛛丝马迹。斯科特的书中有一段描述他有制作细节的天赋，他说："我本来有可能做成大事。我有这种天赋，但是我没有闲暇去发展这种天赋"，所以"我和其他人一样尽力去促成雕刻艺术的发展"，但仅仅是"通过影响"。正是这种心态使罗斯金对复兴失去了信心，因为他相信，只要建筑师不肯亲自动手，而只是通过影响去制造那些细部，就没有希望再现中世纪的精神。唉！中世纪的精神比罗斯金想象的还要扑朔迷离，即使吉尔伯特·斯科特爵士亲自拿起锤子和凿子，他也不一定能够捕捉到真正的中世纪精神。产生哥特细部的并非技术和智力：复兴运动训练出了一些雕刻工匠，他们的技术不比13世纪的工匠差，但是他们制作的细部总是显得无精打采而且拿捏做作。他们制作的圣母总显得温文尔雅；他们的圣徒也总是那么德高望重；奶油在他们的天使口中永远不会融化，而世界末日的恐怖景象似乎是花园聚会那样彬彬有礼。

　　这是因为哥特建筑的质量完全取决于中世纪的特性和趣味，主要是因为这个缘故，哥特风格不可能复兴。毫无疑问，所有风格都反映着不可恢复的情绪，虽然有些风格可以归结为一套规则，但是还有一些风格是从趣味中自然产生的。这第二类风格显然不可能在学术氛围中复活。最可能的情况是，当我们的环境和情感与产生

217

了此前风格的环境和情感非常相似时，我们会本能地借用其形式。如果我们分享17世纪建筑家对曲线、反差运动和对角后退的感受，我们可以使用博罗米尼的一些发明，但是如果我们试图建造模拟17世纪的巴洛克，就会步入歧途，因为我们永远不会与博罗米尼有同样的感受，而且也没有巴洛克规则指导我们。

　　这是19世纪哥特派犯的最严重错误。他们试图恢复一种以趣味为基础的风格，却仿佛它是以规则为基础的，并且还要在建筑上寻找这些规则。巴特·朗吉莱荒唐的尝试持续了整个复兴时期。事实上，有一个短暂时期，即放山庄园时期，人们似乎相信哥特形式能适用于浪漫主义精神。但是即使在那个时期，一定程度的考古学仍然受到尊重。而且在卡姆登学会影响下，对中世纪形式的追求与相信这些形式具有象征和道德价值——至少与相信这些形式代表社会的某种高尚形态——纠缠在一起。真正的哥特复兴派不可能修改这些具有道德意义的形式以适应一个腐败的社会，因此他们不说："你必须修改哥特以适应现代生活"，而是说："你必须改变现代生活以创作真正的哥特。"复兴派最优秀的领袖人物——普金、罗斯金、威廉·莫里斯——从改造艺术转向改造社会，从倡导使用无生气的装饰形式转向倡导这些形式所代表的社会秩序的深层原则。

　　虽然各种困难导致哥特复兴成为一种几乎无望的事业，虽然它的鼓吹者犯下了许多错误，但是这场运动产生了一些建筑，哪怕是对它持有最深恶意的人，也不得不承认这些建筑的巨大优点。最好的复兴式建筑几乎全是在吉尔伯特·斯科特去世后建造的，这意味着，它们没能进入本书的讨论范围。一部关于哥特复兴的著作却不提其中最好的建筑，这听上去很荒谬，但是，本书的主题是复兴的理

218

想和动机。到了罗斯金的时代，它的所有动机已经变得显而易见，它的理想也已经获得永久而辉煌的表述。这些动机从来不是严格的建筑意义上的，而是具有文学意义、爱国意义，以及考古和道德意义，尽管这样说还是无法解释这一运动失败的原因（道德之于建筑，就像透视和光谱之于绘画，两者有着直接的关联，乌切洛和修拉是伟大的画家），这说明哥特复兴的主要遗产不应该在建筑中，而应该在一系列原则和理想中找到。

然而，复兴在一个方面对我们的美感产生了永久性的影响。它伴随着，而且在很大程度上促进了人类感知的一种深刻变化，这种变化可以大致表述为对原始事物的趣味的增长。如果原始一词包含任何粗陋或愚昧的意义，它当然不能用来描述波提切利的画《春》，但是这个词一直被用来描述那些瓦萨里称之为具有"干枯而粗糙的风格"的15世纪的绘画，于是这个词在艺术词汇中获得了专门的意义。如果我们拿这样一幅原始绘画与一幅16世纪的绘画对比，我想我们会得出一个传统的结论：原始绘画本质上是宗教艺术，而拉斐尔之后的绘画则基本上是世俗艺术。研究原始艺术的早期学者强烈地感觉到了这一区分，他们解释这一区分的尝试往往不成功，蒙塔朗贝尔、里奥、林赛伯爵、詹姆森夫人都不使用"原始"一词，而是用"基督教"艺术。罗斯金对早期画家的宗教情怀的强调令当代读者很反感，但他却是赞赏这些画中的非宗教因素最早的批评家之一。可以想象，原始绘画中的宗教因素对哥特复兴派具有强大吸引力，事实上，他们张开双臂欢迎。安杰利科修士成了他们最伟大的艺术家、他们的保护神，就像拉斐尔是古典派的保护神一样。这位纯真的感受派画家对于承受了哥特建筑之严苛的复兴派来说

219

必定是一种解脱，尽管他们自己表白的动机非常不同。年轻的斯特里特在他父亲的传记中写道："在那些散发着纯洁与奉献精神的作品中，安杰利科修士是一流的。我的父亲强烈地感受到他作品中的崇高，甚至将能够正确欣赏他的作品作为检验自己道德状态的标准。"[3]

这种单纯而不加批评地观看原始艺术的方式与我们的方式大相径庭，但是趣味的变化总是迂回曲折的。一种新风格的语言只能逐渐习得，而只有当那种风格里的许多实物被我们以完全非美学的角度收集和研究之后，我们才能开始将它们当作艺术品看待。人种学家使得欣赏黑人雕塑成为可能，虔诚的教徒为15世纪的绘画做了同样的事。当然，普金和他的追随者对原始绘画的美丽形状和色彩并非无动于衷，但这些不是他们关注的重点。相反，他们会说在15世纪的绘画中，圣人表现出来的欣喜比后世的更强烈。这显然不真实。事实上，只要他们根据绘画的主题来做判断，就必然会出错，因为在现代天主教圣像商店里出售的圣人像看上去都非常虔诚，但是这些绘画显然是世俗文化的产物，而中世纪大教堂的滴水兽，虽然是邪恶的魔鬼，却活灵活现，充满真正的宗教时代的精神。然而，无论他们的动机是什么，哥特复兴无疑让成千上万的普通大众注意到了他们原本不会在意的原始绘画。莫兹利告诉我们他和其他热心的哥特爱好者被派往德国观看15世纪的石版画时的急切心情。而阿伦德尔协会的那些在传播对原始绘画的兴趣方面起了主要作用的彩色印刷品，至今仍混合着哥特复兴消退的味道，散发着霉味。

如果多年来数千人都专心观看艺术作品，那么总会有几个人能从中看出美感。哥特派很幸运，有一位向导用他的文章引导他们走

---

3　我想我当时认为这很荒谬。现在我认为确实如此（1949年注释）。

过了欣赏的各个阶段。正如在其他领域一样，罗斯金在哥特复兴撒下种子的田地里浇水除草。他发现有几个虔诚的人用空洞的欣赏目光盯着安杰利科修士画中的漂亮天使，他以一种他们能够理解的文学笔触将他们引导回来——越过乔托的那些庄重的、没有挑逗性的天使，来到拉文纳和托尔切洛的那些与人不再相像的天使。这样，一个全新的美的世界为我们改变了的精神做好了准备，就像一线超验的光芒照进了18世纪自足的世界，照亮了那些早已被人们遗忘的代表信仰和恐惧的象征物。

虽然哥特复兴对我们感官的影响只能在我们对象征艺术的趣味中找到踪迹，但是它对我们的思想和艺术原则的影响却是多样而充满活力的。而且即使在哥特复兴式建筑早已失宠之后，它的一整套原则必定仍是可以接受的，很可能直到今天仍然为那些不具备专业或高级艺术兴趣的大众所接受。这类大众不跟从普通的流行标准，而且几乎不受美学魅力的影响。所以，艺术思想一旦固化在他们的头脑中，便会在那里存留至少一个世纪。哥特复兴的理想不太可能被清除出去，除非某一位集情感、雄辩和道德热情于一身的批评家再次出现。因为驱动人们的自然是道德而非美学思想，哥特复兴所表现的罕见力量来源于它将一切与建筑相关的事物都简化为宗教或道德问题。

但是对于那些有自觉的艺术趣味的人，哥特复兴的原则很少能够经受住新的艺术作品评价方式，因为这种评价方式实际上是在与艺术作品有意识的互动中形成的。据说，美仅存在于形状和颜色的某种神秘的结合。美与规则无关，与联想无关，也与它所表现的主题无关；它尤其与道德无关。这些观点早已在惠斯勒的"十点钟讲

221

座"中表达，却直到至少二十五年之后才开始流行起来，而且似乎一直没有运用到建筑领域，直到1914年杰弗里·斯科特先生出版了他的《人文主义建筑学》。从那时起，艺术的非道德性，即美学经验的孤立性，作为一种信仰已经牢固地树立在时尚人的头脑中。这也更证明了普金的天才，因为他的几个原则竟然顶住了这一冲击，而且似乎在今天比在他提出它们时更有影响力。

这些原则中的第一条是不加掩饰地展露出来的坚固的建筑本身就是美的。杰弗里·斯科特先生在题为"机械谬误"的一章中将这一理论描绘得非常愚蠢，用它去观察文艺复兴的建筑，那么它的确是一片歪曲的透镜。但是在今天，它却不完全是谬误。斯科特先生承认结构力的展示对建筑的美至关重要，他还指出文艺复兴的建筑师用不稳固的建筑方法来取得甚至加强这种结构力的展示。但是现代建筑师很少具有充满活力的形象感，也没有人使用活的风格，或许他们使建筑显得具有结构力的最好的方式是利用现代工程技术。这样，无论他们的建筑多么差，也不会冒犯我们的适度感，而如果建得好，则会取得一种粗犷的尊严，以及许多部分从属于一个单一目的的统一性，而这正是一件艺术品的主要特性。机械谬误仍然活跃在机械时代，我们所谓的真实建筑理论不只存在于勒·柯布西耶的原则或圣劳伦斯的谷物升降机之中：如今，没有任何一位有信誉的建筑师会建造普金时代遍布乡村的灰泥盒子或是纳什时代充斥街头的灰泥立面，我们的房舍因哥特复兴而变得更坚固了。[4]

不难看出真实建筑理论是怎样直接导向另一个伟大的哥特成

---

4　有趣的是，这些建筑反而更明亮，装修得也更好。哥特复兴影响了威廉·莫里斯的思维。他从中世纪的挂毯和彩色玻璃华丽欢快的图案中得到灵感，改变了单调乏味的维多利亚时代客厅。遗憾的是，我没能在本书中穿插一些莫里斯的影响以及对整个工艺美术运动的讨论。莫里斯或许是哥特复兴最有希望也最令人失望的孩子。

果——地方建筑的复兴的。希望使用活着的风格的严肃哥特建筑家发现他们最好的机会是使用那些地方风格（因为这些风格从未消失），以传统的方法使用地方材料。这种想法早在如画时期就已出现，为普金极力倡导，也是吉尔伯特·斯科特《住宅建筑》的主旨。但是哥特复兴派不可能严格遵守这一思想，因为有许多种地方风格存在。对于我们来说，有多种多样的风格可供选择，但他们却只能选用产生于16世纪的那些风格。他们对哥特形式的热爱比他们对任何理论的信仰都更为强烈。如果当地的风格是18世纪的，哥特复兴派会毫不犹豫地发明一种自创的中世纪地方风格。

223

　　因为哥特复兴派毫不妥协地相信哥特形式的价值，所以他们永远不可能创造出令人满意的建筑。然而正是这一强烈的信念使得哥特复兴如此有趣。这一运动在全国各地留下了成堆的曾经燃烧着信仰火焰的破烂，我们至今仍能感受其余烬的温度。在一个老百姓信奉实用主义而少数几位品格高尚的人已心灰意冷的时代，哥特复兴派，像阿诺德的学者吉卜赛人一样，拥有一种高于一切的理想，他们使物质主义者转变为理想主义者，这只有充满激情的人才能做得到。正如尼采所说："趣味无论好坏，有之则有福。"

224

# 索 引